CASAMILÁ

1890

건축가 미상
〈일반적인 샴프라 주택〉
C/ Casp 68

1910

안토니 가우디
〈밀라 주택〉
C/ Provenza 261-265

1966

안토니 보넷
〈메디테라네오 빌딩〉
C/ Consell de Cent 164-180

2013

알렉스 이바네스 월터 · 사라 갈만 가르시아
〈올리비아 발메스 호텔〉
C/ Balmes 115

일러두기

1 고유명사를 비롯한 외래어는 외래어표기법을 따랐으며, 카탈루냐어를 기준으로 독음했다.

2 이 책에 등장하는 [ ]는 본문의 이해를 돕기 위해 저자가 삽입한 내용이다.

차례

밀라
주택을
(보다)

밀라
주택을
-읽다-

밀라
주택을
[그리다]

밀라 주택을 (보다)

CASA MILÁ

(CASA MILÀ)

(CASA MILÀ)

(CASA MILÀ)

(CASA MILÀ)

(CASA MILÀ)

(CASA MILÀ)

(CASA MILÀ)

(CASA MILÀ)

(CASA MILÀ)

(CASA MILÀ)

(CASA MILÀ)

(CASA MILÀ)

(CASA MILÀ)

(CASA MILÀ)

(CASA MILÀ)

(CASA MILÀ)

(CASA MILÀ)

(CASA MILÀ)

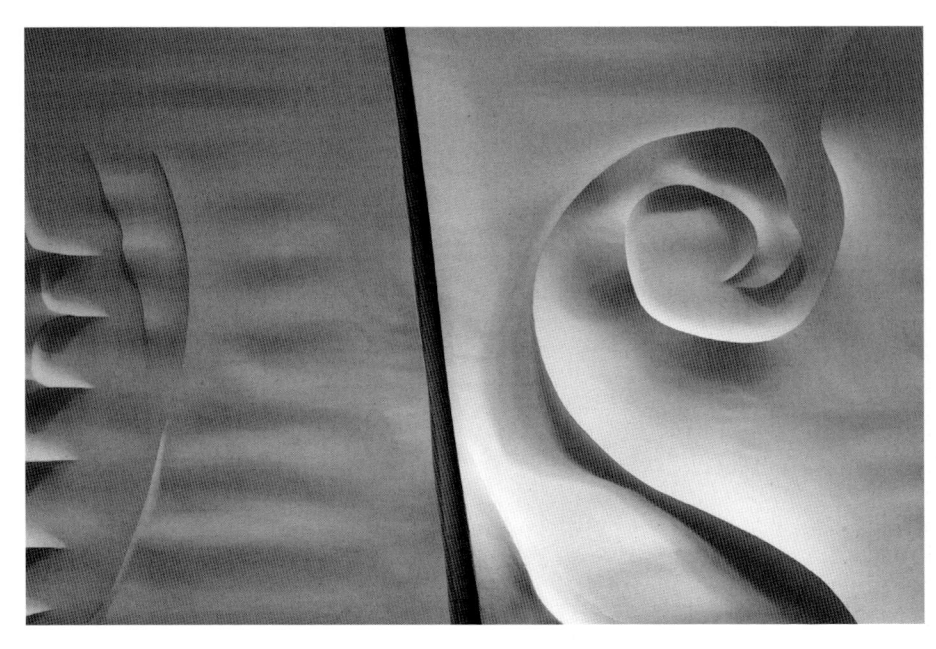

(CASA MILÀ)

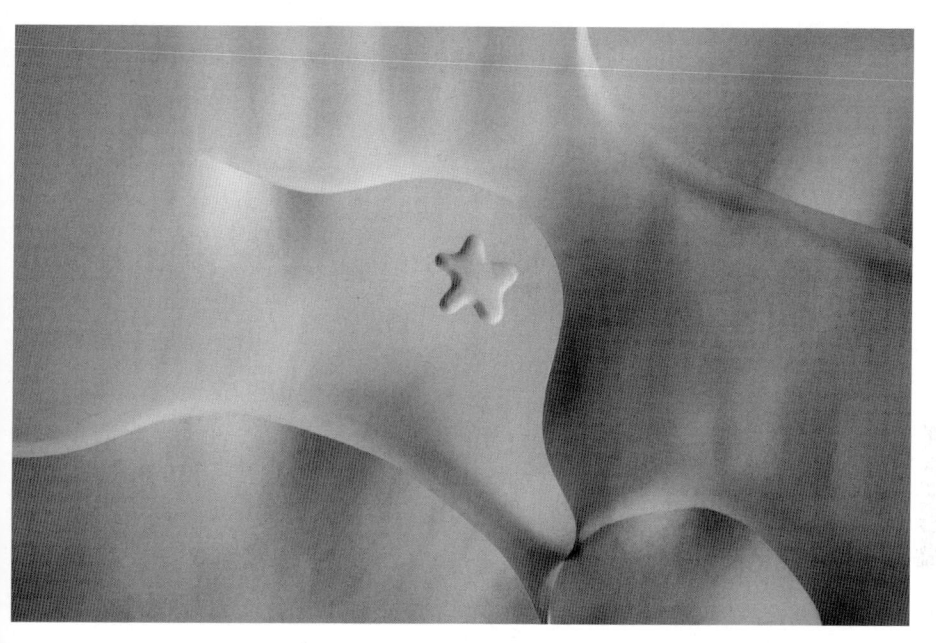

(CASA MILÀ)

(CASA MILÀ)

(CASA MILÀ)

(CASA MILÀ)

(CASA MILÀ)

(CASA MILÀ)

(CASA MILÀ)

(CASA MILÀ)

(CASA MILÀ)

(CASA MILÀ)

(CASA MILÀ)

(CASA MILÀ)

(CASA MILÀ)

(CASA MILÀ)

(CASA MILÀ)

(CASA MILÀ)

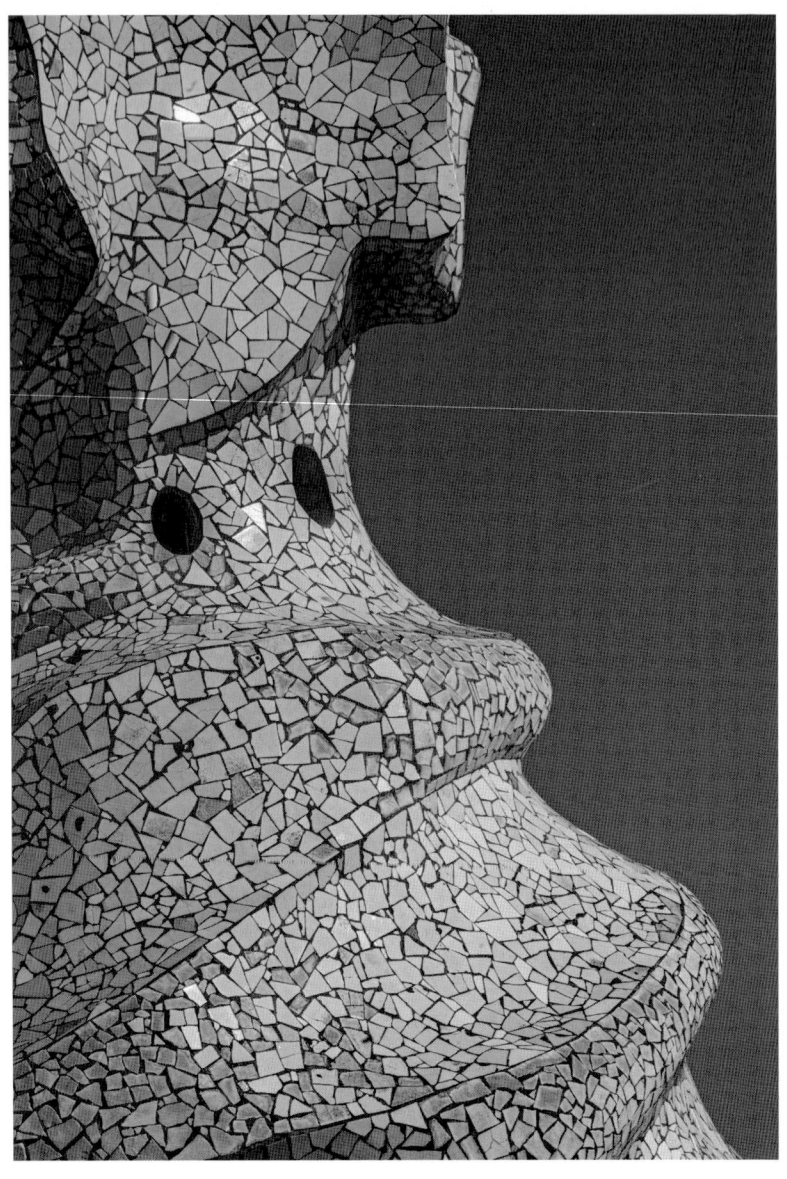

(CASA MILÀ)

(CASA MILÀ)

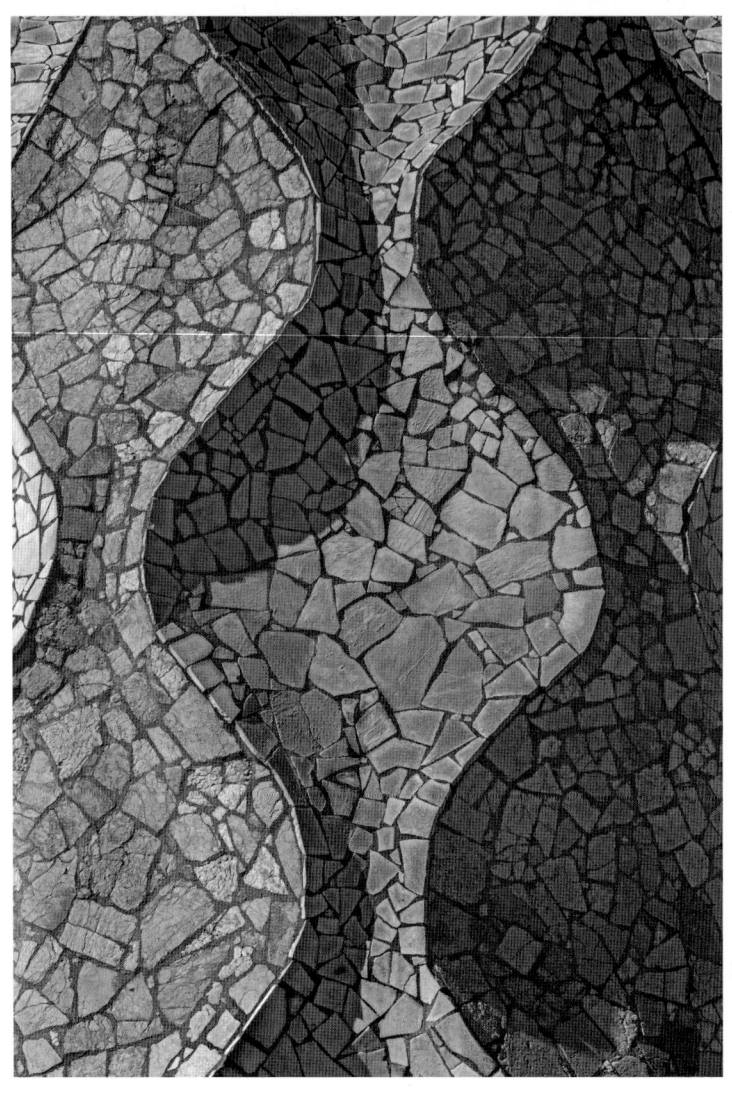

(CASA MILÀ)

(CASA MILÀ)

(CASA MILÀ)

밀라
주택을
－읽다－

CASA MILÁ

왜
밀라 주택인가?

새로운 시대,
새로운 건축

사회 변화
도시 변화
문화 변화

밀라 주택이
지어지다

밀라 주택의 의뢰인
밀라 주택의 개요
세간의 평가

밀라 주택에 대한
건축적 분석

기존 주택의 문제
원형 파티오
너울대는 입면
변형된 철골 구조

이성과
감성으로 빚은
건축

왜
밀라 주택인가?

역동하는 형태와 복잡한 기하학, 기괴한 문양과 화려한 색채. 한없는 자유로움으로 우리의 감각과 감성을 자극하는 가우디의 건축은 우리를 무한한 상상의 세계로 초대한다. 차갑고 엄격했던 건물에 자연이 지닌 따뜻하고 부드러운 생명의 활기를 불어넣은 그의 건축은 훗날 가치를 인정받아 유네스코 세계유산에 7개의 작품이 등재된다. 구엘 공원, 밀라 주택, 성가정 성당 같은 작품은 건축에 큰 관심이 없는 사람에게도 익숙할 만큼 오늘날 폭넓은 사랑을 받고 있다.

하지만 정작 건축가인 가우디 자신은 '범접할 수 없는 천재'라는 장막에 가려져 진지한 건축적 탐구 대상이 되지 못했다. 천재로 태어났다고 단정 짓는 순간 그에게는 실수도 연습도 용납되지 않기 때문이다. 이런 시각은 가우디를 맹신하는 오류를 불러왔다.

과연 가우디는 어떤 건축가였을까? 세간의 말처럼 무서운 통찰력으로 자연을 바라보며 옥수수에서 성가정 성당의 종탑을 생각해내고, 지중해 파도에서 밀라 주택의 너울대는 입면을 떠올린 직관적인 인물일까? 회화나 조각을 다시 건축 아래로 끌고 온 중세적 건축관을 가진 사람일까? 아니면 그에게 우리가 모르는 또 다른 면모가 있을까?

이 질문에 답하기 위해 살펴볼 작품은 가우디의 대표작 밀라 주택이다. 사실 주택은 가우디의 건축세계 전반을 이해하는 데 가장 적절한 주제라 할 수 있다. 대학을 졸업하고 곧바로 시작한 비센스 주택부터 엘 카프리쵸, 구엘 별장, 구엘 저택, 보티네스 주택, 베예스구아르드, 칼벳 주택, 바트요 주택, 그리고 민간에서 수행한 마지막 작업인 밀라 주택에 이르기까지 가우디는 평생 주택 일을 손에서

– CASA MILÀ –

놓지 않았다. 주택은 아르누보, 고딕, 바로크 등 다양한 양식을 실험하며 자기만의 색깔을 찾기까지 그가 끊임없이 도전을 거듭한 가장 혁신적인 주제였다. 유네스코 세계유산에 등재된 그의 일곱 작품 중 넷이 주택이라는 사실은 이를 증명한다. 이 주택 프로젝트의 대미를 장식한 밀라 주택은 가우디만의 독특한 색채가 무르익은 가장 가우디다운 건축물로 평가받고 있다.

굳이 주택으로 한정하지 않더라도 밀라 주택은 그가 생전에 지은 마지막 작품이기도 하다. 밀라 주택 이후 그는 성가정 성당의 건설에 몰두했지만 가장 먼저 시작한 성당의 동쪽 입면이 완성되는 것도 보지 못한 채 비운의 사고로 세상을 떠났다. 계획과 시공, 실내장식, 가구제작에까지 그의 손길이 배어있음을 감안하면 장년 가우디의 건축적 성취를 보여주는 마지막 지표로서 밀라 주택의 가치는 무척 특별하다.

하지만 밀라 주택을 살펴보기에 앞서 우리는 건축 작품을 현실과 동떨어진 자신만의 세계 속에서 빚어낸 미학적 결과물로 바라보는 태도를 경계해야 한다. 모든 위대한 건축 작품이 그러하듯 밀라 주택도 결국 하나의 프로젝트, 즉 작가가 구체적인 문제를 설정하고 이를 해결하는 일련의 과정을 통해 빚어진 결과물이기 때문이다. 건축의 문제는 시대와 사회, 도시, 문화적 맥락 속에서 발생한다. 이 책은 가우디 건축의 전형인 밀라 주택의 형성 과정을 통해 새 시대를 마주하는 가우디의 특별한 시선과 해법을 드러내는 데 목적이 있다.

아직도 풀리지 않는 바르셀로나의 도시적 문제와 산업화시대의 건축 생산에 대한 해법을 제시한 밀라 주택은 '자연을 사랑한 천재'라는 장막 뒤에 가려 있던 그를 '시대의 현실 위에서 오늘의 건축을 진지하게 고민한 건축가'로 다시 보게 하는 가장 적합한 소재라 할 수 있다. 이 책을 통해 새 시대에 관한 그의 고민과 성찰이 오늘날에도 여전히 유효함을, 한 세기 전 가우디가 건축한 오래된 미래에서 오늘날의 시사점을 발견할 수 있기를 기대한다.

건축가 안토니 가우디 이 쿠르넷

안토니 가우디는 스페인을 대표하는 건축가다. 1852년 타르라고나 지방에서 대를 이어온 대장장이 집안의 막내로 태어난 그는 상급학교 진학을 위해 카탈루냐의 수도 바르셀로나로 이주하여 1926년 비운의 교통사고로 운명을 달리하기까지 평생을 이 도시에 살았다.

　가우디가 다닌 바르셀로나 건축학교는 신고전주의와 절충주의 전통을 가르치는 곳이었다. 고리타분한 교육에 만족하지 못했던 그는 학교에서 그다지 좋은 평을 듣지 못했다. 하지만 학업을 이어가기 위해 선생님들의 사무실에서 도면을 그리며 참여하게 된 몬세랏 수도원 성당의 카마린, 시우타데야 공원 분수 등에서는 건축가로서 자신의 능력을 유감없이 발휘했다. 바실리카 규모의 건축물을 한 번도 계획한 적 없는 풋내기 건축가가 성가정 성당 건설을 맡을 수 있었던 것도 당시 그를 눈여겨본 조안 마르투레일 선생의 추천 덕분이었다.

　졸업 후 개인 사무실을 차린 가우디는 비센스 주택, 구엘 저택, 구엘 공원, 바트요 주택 등 50대 후반까지 활발한 활동을 이어가다가

- CASA MILÀ -

밀라 주택을 끝으로 돌연 모든 일에서 손을 뗐고, 이후 숨을 거두기까지 15년간 오로지 성가정 성당 건설에 전념했다.

그는 첫 작품인 마타로 협동조합부터 합리적인 구조체계에 대한 관심을 이어왔고, 지중해 건축의 장식 문제를 깊이 고민했다. 이 둘은 건축가 가우디가 평생 씨름한 건축의 주제이자, 밀라 주택의 중요한 관찰 지점이다. 오랫동안 골몰했던 합리적인 구조체계와 장식에 관한 연구는 성가정 성당에 이르러 비로소 진정한 종합을 이루게 된다.

한편, 1906년 2월 공사를 시작하여 1912년 10월 공식 완성된 밀라 주택은 환갑을 앞둔 건축가의 완숙함이 느껴지는 작품으로 19세기 말, 20세기 초 바르셀로나라는 독특한 시대와 장소의 산물이다. 부르주아의 출현, 산업화, 도시화와 위생 문제는 유럽 전역에서 벌어졌지만, 이 시기 허허벌판 위에 새로 도시를 세운 바르셀로나는 '오늘날 우리는 어떤 모습으로 살아야 하는가?'라는 보다 근본적인 도시 건축적 질문에 대한 답을 요구했다.

새로운 도시에 걸 맞는 새로운 건축의 필요성이 대두되던 20세기 초 바르셀로나가 바로 가우디의 활동무대였다. 이제부터 가우디 건축의 맥락 즉, 그 건축을 가능케 한 시대와 장소, 사회문화적 배경에 대해 살펴보도록 하자.

새로운 시대,
새로운 건축

사회 변화

"바르셀로나는 스페인의 리버풀이자 맨체스터다"
― 알버트 프레드릭 칼버트 (Albert Frederick Calvert, 1872-1946)

산업사회가 도래하다

19세기는 중세 공동체와 산업도시라는 두 세계가 맞선 시대였다. 유럽 전역에 산업혁명의 바람이 불었지만 스페인의 산업구조는 여전히 농업에 치우쳐 있었고, 그나마 산업도시의 모습을 갖춘 곳은 오랜 무역을 통해 외래 문물과 새로운 변화를 늘 접해온 카탈루냐 지역 정도였다. 카탈루냐가 산업화의 중심에 설 수 있었던 근본적인 원인은 동력원과 원재료의 공급에 유리한 입지 때문이다. 당시 카탈루냐 산업을 이끌어간 직조산업의 경우 동력으로 이용된 석탄과 원재료인 목화 모두 지중해를 통해 들어왔다. '카탈루냐는 스페인의 공장', '바르셀로나는 카탈루냐의 맨체스터'라고 불리기 시작했고, 19세기말 스페인 제일가는 산업지역으로 자리 잡은 카탈루냐는 20세기 중반까지 명성을 유지했다.

초기 카탈루냐를 대표하는 산업은 직물 분야였지만 무르익은 산업화의 바람은 곧 다른 분야로도 이어졌다. 1842년 지로나에 제지 회사가 문을 열면서 출판 분야에서 다른 지역을 크게 앞섰다. 또한

라 마키니스타, 칸 지로나, 칸 토라스 같은 철강 회사가 일찌감치 자리 잡은 덕분에 생산설비뿐 아니라 대형 철제 구조물을 지을 수 있게 되면서 건설 분야에서도 두각을 나타내기 시작했다. 1900년경 문을 연 기계식 제분공장으로 이 분야에서도 으뜸가는 도시가 되었다.

일찌감치 산업화를 이루다 보니 신기술의 시험장이 되기도 했다. 바르셀로나 라발 지역의 보나플라타 공장은 1833년 스페인 최초로 증기기관을 생산동력으로 이용했고, 스페인 철도의 역사는 1848년 바르셀로나와 마타로 사이에 놓인 28km의 구간과 함께 시작되었다. 철도망 연결은 거대한 외부 자본의 유입을 의미했다. 얼마 지나지 않아 도로와 교량, 대규모 토목사업이 뒤를 이었다. 근대 산업도시에서 철도와 도로망은 원재료와 상품, 사람들의 자유로운 이동을 보장하여 생산과 소비를 연결하는 필수 요소였기 때문이다.

1881년 스페인 최초의 전기 회사가 설립되자 거리에 전기 가로등이 켜지고 역마차는 전차로 바뀌기 시작했다. 곧이어 1900년경 거리에 등장한 자동차는 폭발적인 속도로 보급되었다. 1908년 운행되던 자동차의 수는 232대였지만, 1909년 432대, 1912년 962대 그리고 1913년에는 1,050대로 하루가 다르게 늘어났다.

도시 위생 문제가 불거지다

카탈루냐가 스페인을 대표하는 산업지역으로 자리 잡으면서 일자리를 얻으려는 노동자들이 전국 각지에서 모여들었다. 카탈루냐 인구는 1877년 175만 명에서 1910년 208만 명으로 30년 사이 19%나

증가했다. 단순 인구증가보다 더 주목할 만한 현상은 뚜렷한 도시화였다. 인구 만 명이 넘는 카탈루냐 도시들은 대체로 인구가 증가했지만 수도 바르셀로나의 증가세에 비할 수 없었다. 1723년 3만 명 남짓이던 바르셀로나 인구는 1818년 8만 명을 넘어섰고, 1842년 12만 명, 1877년 24만 명으로 급증했다. 19세기 중엽 바르셀로나의 인구 밀도는 85,000명/km^2으로 유럽 도시 중 가장 높았다.

당시 건설 기술로 이 같은 증가 속도를 따라 갈 수도 없었지만 더 큰 문제는 도시의 물리적 확장을 가로막고 있던 성벽의 존재였다. 성 안에 건물이 얼마나 빽빽하게 들어섰는지 세간에는 "옆집 옥상으로 뛰어서 땅을 밟지 않고 피 성당에서 산타 마리아 델 마르 성당까지 갈 수 있다."는 말이 돌 정도였다. 밀도가 지나치게 높아지면서 주거환경의 질이 급격히 악화되자 곧 위생 문제가 대두되었다. 성 안에는 빈 땅이 없었기 때문에 밀도를 낮추는 유일한 방법은 1775년 제정된 플로리다블랑카 법을 적용하여 교회에 부속된 공동묘지를 공공에 귀속시켜 광장으로 바꾸는 것뿐이었다. 그 결과 피 성당과 산 주스트 성당, 산 주셉 성당, 산 아구스티 성당, 산타 마리아 델 마르 성당, 산타 카테리나 성당에 부속된 땅이 광장으로 바뀌었지만 이 역시 근본적인 해결책은 되지 못했다.

1838년 도시 확장에 대한 논의가 시작되었고 1841년 바르셀로나 시는 도시의 발전과 진흥을 위한 공모전을 개최했다. 그 해 9월 11일 선정된 수상자는 "성벽을 허물어라"라는 도발적인 제목의 글을 쓴 위생학자 페라 펠립 몬라우 박사였다. 그는 전염병 확산을 막기 위해서

보다 위생적인 환경이 필수적이며, 도시의 산업 활동을 위해서도 새로운 공간과 보다 합리적인 주거 조직이 필요하다고 판단했다. 이를 위해 도시 확장을 가로 막고 있는 성벽을 허물고, 도시 영역을 오늘날 바르셀로나의 행정구역에 해당하는 요브레갓 강으로부터 베소스 강까지 확장해야 한다고 주장했다.

건축가나 도시계획가가 아닌 위생학자가 나서서 도시 개조를 주장하게 된 배경에는 이 시기 기승을 부린 전염병이 있었다. 19세기 유럽 곳곳에서 콜레라가 창궐했고, 스페인에서도 네 차례에 걸쳐 80만 명의 사망자가 발생했다. 당시 인구가 천만 명 정도임을 감안하면 질병의 위협은 실로 대단했다. 한 예로 20세기 초 유행한 스페인 독감은 전 세계적으로 5천만 명이 넘는 사망자를 냈는데, 이는 1차 세계대전 사망자의 3배를 웃도는 수치다. 현대 과학은 전염병이 주거환경의 위생 상태와 밀접한 관련이 있음을 밝혀냈고, 곧 건축과 도시에도 보건과 위생 개념이 도입됐다. 유럽 곳곳에서는 열악한 환경을 개선하기 위한 도시 개조운동이 전개되었다.[11] 전염병의 온상이었던 바르셀로나에서는 1821년 황열병 유행으로 6,244명이 사망한 것을 시작으로 연거푸 5번이나 창궐한 콜레라로 1834년 3,521명, 1854년 5,657명, 1865년 3,717명, 1870년 1,278명, 1885년 1,300명이 넘는 희생자가 발생했다.[12] 도시 위생은 더 이상 방치할 수 없는 문제였다.[13]

1854년 콜레라의 극심한 피해를 목격한 중앙정부는 결국 그해 8월 군사적 이유로 거부해 온 바르셀로나 성벽 철거를 허락했다.[14] 그러나 성벽을 허무는 일은 시작에 불과했다. 성벽 밖은 농사만 허용되던 빈 땅이었기 때문이다. 아무것도 없는 허허벌판에 거대한 도시를 그려야 하는, 전례 없는 도시적 과제가 주어졌다. 바르셀로나는 로마인들이 성벽을 지은 4세기 이후로만 따져도 1600년의 역사를 지닌 고도지만 오늘과 같은 메트로폴리스의 기틀이 닦인 것은 이 시기였다.

쾌적한 새 땅에 들어설 새 집을 꿈꾼 사람은 노동자만이 아니었다. 신흥 부르주아들도 자신의 새로운 지위에 걸 맞는 새로운 주택을 요구하고 있었다.

도시 변화

"개인의 발전을 돕고 활력을 주면서 개인의 복지를
향상시키는 것이 모여 공공의 행복이 된다."

― 일데폰스 세르다 (Ildefons Cerdà i Sunyer, 1815-1876)

무한히 확장되는 도시를 계획하다

도시 확장 계획은 성벽을 허무는 공사가 시작되기 한 해 전인 1853년 시작되었다. 성벽을 헐고 도시를 확장하여 보다 쾌적하고 건강한 도시를 만드는 이 사업은 카탈루냐어로 확장을 뜻하는 에이샴플라 Eixample 라는 이름으로 불리게 된다.[15] 1854년 도시계획가 일데폰스 세르다는 중앙에서 파견된 도지사로부터 바르셀로나와 주변 지역에 관한 지형도 제작을 의뢰받아 해당 지역을 측량했고, 이를 기회로 1855년 11월 에이샴플라의 밑그림을 그렸다. 그는 설계 설명서에서 "우리는 [정상적인 삶을 영위하기 위해 마땅히] 점유해야 하는 면적의 1/8에서 살고 있는 지금의 상황을 떨치고 일어나야 한다. 이로써 우리의 도시와 가정은 더 나은 환경을 맞게 될 것이고 스페인 전역으로 따지면 15-20년 주기로, 개별 지역으로 따지면 25-30년 주기로 몰려오는 흉포한 전염병 때문에 열 명 중 한 명을 희생하는 일은 더 이상 없을

― CASA MILÀ ―

것이다."라고 강변했다. [204쪽 참고]

 에이샴플라의 계획 범위는 동서로 산 안드레우 다 파루마르부터 산츠까지, 남북으로 바닷가에서 그라시아까지 이르는 대략 9km×3km의 영역이다. 이는 바르셀로나 북쪽을 가로지르는 코르세롤라 산맥과 도시 좌우편의 요브레갓 강과 베소스 강이라는 자연의 지형지물을 통해 이미 어느 정도 결정되어 있었다. 세르다는 이미 거주지가 형성되어 있던 마을을 제외한 모든 영역에 동일한 체계를 적용했는데, 이를 위해서는 산맥의 흐름을 따라서 난 경사와 계곡, 하천 등 지형지물을 정비하여 땅을 반듯이 고르는 지난한 토목 작업이 선행되어야 했다.

 세르다 계획안의 기본 구조는 133.3m 간격으로 균등 배치된 20m 너비의 길로 이루어진 격자다.[16] 이 격자를 통해 '길vias'과 '길 사이 공간intervias'[17]이 구획되는데 '길'이 이동과 만남, 상하수관과 가스관 같은 서비스망, 가로수와 가로등, 도시 구조물이 있는 공적 공간이라면 '길 사이 공간'은 파티오를 통해 각 집으로 자연광을 유입하여 윤택한 삶을 영위하게 하는 사적 공간이다. 각 변이 113.3m인 정사각형 대지가 구획되면 네 모퉁이를 가로 세로 15m의 삼각형 형태로 모따기하는데 이 부분을 샴프라xamfrà라고 부른다. 샴프라 4개가 모인 교차부는 하나의 광장을 이룬다.

 격자로 구성된 다중심 선형도시를 온전히 이루기 위해서는 사회기반시설을 고르게 배치해야 했다. 이를 위해 교회와 학교 등을 포함한 사회적 중심은 25개 블록당 1곳, 시장과 도시녹지는 100개 블록당 1곳, 병원과 행정기관은 400개 블록당 1곳 등으로 체계적인

기준을 마련했다.[18]

앞서 설명한 세르다 계획안은 '1859년 계획안'이라고 부르는 것이 더 정확하다. 그는 1855년, 1859년, 1863년 세 차례에 걸쳐 계획안을 수립했지만 일반적으로 언급되는 것은 두 번째 계획안이다.[19] 1859년 계획안에서 가장 먼저 눈에 띄는 길은 50m 폭을 가진 주요 도로들 vías transcendentales이다. 그란 비아 Gran Via는 수평으로, 파세츠 다 산 주안 Passeig de Sant Joan은 수직으로, 디아고날 Diagonal과 메리디아나 Meridiana, 파라렐 Paral·lel은 대각선 방향으로 도시를 가로지른다.

에이샴플라 이후 바르셀로나는 완전히 새로운 도시 경관을 갖게 되었다. 도로 폭이 4m에 불과하여 조망은 고사하고 맞은편 건물조차 제대로 볼 수 없었던 중세 도시 바르셀로나가 끝없이 연장된 길을 따라 무한히 반복 확장되는 근대 도시로 탈바꿈한 것이다. 이로써 주거환경도 비할 수 없이 좋아졌다. [208쪽 참고] 에이샴플라 내 모든 주택은 입사각 45도의 직사광선을 받을 수 있도록 계획되었고, 앞으로 너비 20m 도로, 뒤로 폭 60m에 이르는 거대한 파티오 patio를 마주하고 있어 채광과 환기, 사생활 등 시대가 요구하는 기본적인 주거환경을 만족시켰다. 다른 도시계획안들이 고전적 방식을 따라 여러 길 사이에 명확한 위계 차이를 둔 것과 달리 세르다 계획안은 모든 길의 위계가 동일하기 때문에 적어도 물리적으로는 어떤 사회적 차별도 존재하지 않았다.

세르다의 이상적인 도시계획안이 마드리드뿐 아니라 바르셀로나에서도 쉽게 받아들여진 것은 1854년 혁명으로 시작된 2년간의 진보주의 정치상황 el Bienio Progresista 덕분이었다. 하지만 이후

– CASA MILÀ –

에스파르테로의 실각으로 정치상황이 변하자 1857년 11월 바르셀로나 시는 입장을 바꿔 시 건축가 중 추첨을 통해 선정된 미켈 가리가의 계획안을 별도로 접수했다. 한편 세르다가 철도에 관한 고민을 더욱 발전시킨 새 계획안을 가져와 승인을 요청하자, 바르셀로나 시는 이를 저지하기 위해 황급히 에이샴플라 공모전을 개최했다. 1859년 6월 중앙정부가 세르다 계획안을 승인하자, 바르셀로나 시는 공모전을 통해 선정된 안토니 로비라의 방사형 계획안 편에 서서 세르다 계획안의 승인을 취소해 달라고 요청했다. 물고 물리는 복잡한 상황은 1860년 5월 31일 중앙정부가 왕명으로 세르다 계획안을 최종 승인하면서 일단락되었다.[20]

건축가 마누엘 데 솔라 모랄레스는 세르다 계획안이 다른 어떤 계획안보다 도시계획의 내부 논리에 충실했다고 평가했다. 공모전에 입선한 다른 세 계획안이 '구도심과 조화를 꾀하거나', '항구나 공단과 같은 기존 산업 축의 연장에', '또 단순히 도시 영역 확장에' 주안점을 두었다면, 세르다 계획안은 근대 도시의 기술적 요구사항을 체계적으로 분석한 다음 기능에 바탕을 두고 기본 요소를 새롭게 정의했다.[21]

한편 지주들은 세르다 계획안에 불만을 드러냈다. 도로 폭(12m)이 좁고, 건축 높이(19m)는 더 높은 로비라 계획안이 더 높은 수익을 보장했기 때문이다. 결국 지주들의 요구에 따라 세르다 계획안도 수정을 피할 수 없었다. 건물의 규모는 1859년 계획안에서 최대 4층, 총 16m 높이에, 깊이는 지상층의 경우 25m, 주거층의 경우 20m까지 허용되었으나, 1863년 계획안에서는 높이가 20m, 지상층과 주거층의 깊이가 각 28m, 24m로 늘어났다.[22] 이후 에이샴플라는 '내부 파티오가 사유화되고, 블록은 사방으로 막히고, 용적률이 점차 증가하고, 격자 도로망에 시설들을 균일하게 배치하는 원칙이 깨지고, 공원으로 예정되어 있던 거의 모든 영역이 사라지는 등' 애초의 계획과는 다른 방향으로 전개되었다.[23]

    실제로 1859년 계획안을 보면 그는 건물을 'ㅢ'자나 'ㄱ'자, 'ㄷ'자 형태로 배치하여 '길 사이 공간'이 닫히지 않도록 했고, 사방이 막힌 경우에도 모퉁이 뒤편을 비워 적절한 채광과 환기가 가능하도록 배려했다.[24] 그러나 이후 점차 밀도가 높아지면서 네 모퉁이가 모두 막힌 하나의 닫힌 블록으로 변형되었다. [211쪽 참고]

    이러한 도시 구조의 변화는 건축에도 큰 영향을 미쳤다. 애초에 열려 있던 세르다의 '길 사이 공간'이 꽉 닫힌 블록이 되고 높이가 높아지면서 주거환경의 질은 급격히 나빠졌다. 이와 관련하여 샴프라, 즉 블록 모퉁이에서 불거진 도시 구조적 문제에 관해서는 밀라 주택을 설명하며 다시 다루게 될 것이다.

    세르다가 정의한 주요 도로는 아니지만 사실 에이샴플라에는 이에 못지않게 중요한 길이 하나 더 있다. '파세츠 다 그라시아 Passeig de Gràcia'라 불리는 그라시아 대로다. 하나의 격자가 무한히 확장되는 세르다의 계획안에서 축을 정하는 것은 핵심적인 사안이었다. 하지만 도시의 축은 이미 주어져 있는 것이나 다름없었다. 성벽이 헐리기 수십 년 전 성밖에 이미 그라시아 대로가 엄연히 하나의 축으로 존재하고 있었기 때문이다. 1897년 외곽에 있던 마을들이 바르셀로나에 편입되면서 성벽 밖에

—CASA MILÀ—

덩그러니 있던 그라시아 대로는 물리적, 행정적으로도 도시의 한가운데 위치하게 되었다.[25] 그리고 로마 시대와 중세, 산업화 시대를 관통하는 도시 역사의 축이자 바르셀로나의 새로운 중심이 되었다. 밀라 주택은 바르셀로나의 역동성을 대표하는 그라시아 대로에 세워졌다.

그라시아 대로가 새로운 중심이 되다

그라시아 대로는 에이샴플라 안에 있지만 시기상 에이샴플라보다 훨씬 먼저 지어졌다. 1630년 6월 20일 바르셀로나 교외 북쪽 산기슭에 누에스트라 세뇨라 데 라 아눈시아시온 데 그라시아 수도원이 문을 열었다. 이후 사람들이 하나둘 주변에 모여들면서 이곳은 수도원 이름을 딴 그라시아 마을로 불리게 된다.[26] 그라시아 마을과 바르셀로나 사이에는 '카미 다 제수스'라고 불리는 오래된 길이 있었는데, 이 길이 바로 그라시아 대로의 기원이다.[27]

1827년 5월 24일, 바르셀로나 성벽의 북문인 포르탈 델 안헬에서 누에스트라 세뇨라 데 그라시아 성당까지 이르는 대로가 정식 개통했다. 총 연장 1,550m, 폭 42m의 프랑스식 대로였다. 6열로 정연하게 늘어선 1,918그루의 나무가 이루어낸 장관은 장차 확장될 근대 도시의 모습을 상상하기에 충분했다.[28]

1830년, 그라시아 대로에 두 개의 분수가 놓였다. 바르셀로나에 가까운 것이 폰 다 제수스 Font de Jesús, 그라시아에 가까운 것이 폰 다 세레스 Font de Ceres였다.[29] 제수스 수도원의 옛 우물에 연결된 제수스 분수는 바르셀로나에서 가장 좋은 물로 정평이 자자했고,

행정구역상 그라시아와 바르셀로나 경계에 위치한 세레스 분수는 도시로 들어오는 상품에 세금을 부과하는 곳이라 더 크고 우아하게 만들어졌다.[30] 로마 신화에 등장하는 곡물의 여신 세레스를 분수에 조각한 것은 당시 이곳이 농토였기 때문이다. 이후 두 번이나 자리를 옮겼지만 세레스 분수는 오늘날까지 카탈루냐 지역문화유산으로 보존되고 있다. 흥미로운 사실은 세레스 분수가 있던 곳이 밀라 주택 바로 앞이었다는 점이다. 예나 지금이나 이곳은 그라시아 대로의 중요 지점으로 인식되고 있는 셈이다.

1853년에는 그라시아 대로 한편에 프랑스식 정원 '캄스 엘리시스 Camps Elisis'[31]가 개장했다. 배를 띄울 수 있는 연못과 롤러코스터, 카페와 식당, 극장 시설을 갖춘 대규모 여가시설로서 전에 없던 쾌적하고 확 트인 도시 공간이었다.[32] 에이샴플라 착공식을 위해 여왕 이사벨 2세가 바르셀로나를 방문했을 때 환영 축제가 열린 곳으로도 유명하다. 그라시아 대로는 곧 상류층이 가장 선호하는 승마와 마차 타기 장소이자, 시민들의 여가 장소가 되었고 이따금씩 공개 처형 등 정권의 선전장으로 이용되기도 했다.[33]

성벽이 헐리기 전 그라시아 대로는 이미 바르셀로나 제일가는 공공 장소였다. 1853년 그라시아 대로에 가로등이 설치되기 시작했고, 1888년 만국박람회를 맞이하여 교차로에 30개, 1905년에는 590개가 추가되어 저녁에도 대로를 편리하게 이용할 수 있게 되었다. 아르누보 유행을 따라 식물 문양으로 우아하게 만들어진 페라 팔케스의 가로등은 당시 이곳을 가득 채웠을 변화의 바람을 여실히 보여준다. 19세기 중엽

-CASA MILÀ-

바르셀로나에서 이 길이 지닌 생명력은 확고했다. 비록 처음 가지고 있던 여가 공간으로서의 성격은 잃었지만, 에이샴플라 시대에도 그라시아 대로는 도시의 생명력과 활기를 대표하는 축이었다.[34]

한편 바르셀로나의 주거환경이 날로 악화되자 산 위에 자리한 그라시아 마을은 쾌적한 주거지로 각광받으며 일종의 베드타운 성격을 띠게 되었다. 1836년 2,608명에 불과했던 마을 주민은 1860년 19,969명을 넘어섰고, 1887년에는 45,042명으로 늘어났다. 구도심과 그라시아 마을 사이를 오가는 사람이 많아지자 그라시아 대로는 교통 면에서도 상당히 중요해졌다.[35] 이런 흐름에 따라 중앙 도로가 포장되고 1872년 6월 28일 정규 마차노선이 신설되었다.

1902년 그라시아 대로 남단에 카탈루냐 광장이 문을 열었고, 1905년에 이르러 대로 전체가 포장되었다. 1906년 이 길에는 카탈루냐 광장에서 레셉스 광장, 트리아 광장까지 왕복하는 바르셀로나 첫 버스 노선이 신설되었다. 그라시아 대로가 새로운 바르셀로나의 중심지로 떠오르자 도시를 대표하는 유력 가문들은 앞다퉈 집을 짓기 시작했고, 이른바 '유행을 선도하는 길 el passeig de moda'로 자리매김하게 되었다.[36]

공교롭게도 그라시아 대로가 활발하게 개발된 1890년부터 1910년까지는 유럽의 아르누보 유행에 발맞추어 카탈루냐에서도 새로운 예술이 한창 무르익고 있던 시기였다. 카탈루냐 모더니즘을 뜻하는 '모데르니스마 카탈라'는 당시 이 길에서 공인된 부르주아 양식처럼 여겨졌다. 이 유행은 그리 오래가지 않았는데 그라시아 대로는 정확히 이 시기, 아르누보 애호가였던 부르주아들의 주거지로 개발되면서 역사상 가장 장식적이고 화려한 건축물로 가득 채워졌다.

　당시 그라시아 대로 건축물의 특징을 뚜렷이 보여주는 건축 요소가 바로 주인집 발코니다. '트리부나tribuna'라고 불리는 본층 발코니는 안팎으로 화려하게 장식되었는데 이는 그라시아 대로가 내려다보이는 이 발코니가 사교 공간의 중심이자 집주인의 사회적 지위와 성격을 드러내는 상징적인 요소였기 때문이다.[37]

　이 시기 카탈루냐에서 가장 유명한 세 건축가의 주택이 잇달아 지어지면서 이 길의 건축적 성격은 보다 명확하게 규정되었다. 가장 먼저 주셉 푸츠의 아마티에 주택(1900)이 지어졌고, 유이스 두메넥의 예오 무레라 주택(1905)과 안토니 가우디의 바트요 주택(1906)이 그 뒤를 이었다. 오늘날까지 사랑받고 있는 이 주택들은 불과 5-6년 사이에 지어졌고, 바트요 주택이 완공되기 전 시작된 밀라 주택 역시 이 길에서 벌어진 열띤 건축 경연의 일부였다.

　화려하게 장식된 부르주아 주택들은 기존 구도심 귀족 저택과 거주방식이 전혀 달랐다. 전통적으로 귀족은 독립된 건물에서 가족구성원들만 모여 살았다. 성 안에 큰 저택을 지을 만한 넓은 땅이 없기도 했거니와, 사생활이나 안전 문제 때문이라도 신분이 다른 이웃과 한 공간에 사는 것을 기피했을 것이다. 구도심의 귀족 저택은 일반적으로 길 쪽으로는 닫고 안뜰을 향해서만 열린 내향적 구조를 가졌고, 공간이 수직적으로 전개되어 바닥부터 지붕까지 모든 층을 한 가족이 이용했다. 반면 실리적인 부르주아들은 아래층에 상점, 위층에 임대 주택을 배치한 집합 주택을 더 선호했다. 이 같은 요구에 따라 가게와

-CASA MILÀ-

주인 집, 세입자들의 출입이 분리된 새로운 주거에 대한 연구가 이루어졌다. 이러한 주거유형의 변화는 신시가지 건설이라는 거대한 도시적 변화뿐 아니라 부르주아의 기호와도 밀접한 관련이 있었다.

문화 변화

"건축에 관한 대화를 맺는 마지막 말, 모든 비평을 시작하는 첫 물음은 오늘날의 민족 건축에 관한 생각을 맴돌고 있다."
— 유이스 두메넥 이 문타네 (Lluís Domènech i Montaner, 1850-1923)

민족 문화의 부흥을 도모하다

문화 변화의 중심에는 부르주아가 있었다. 자기 이름을 건 공장을 운영하는 기업가, 아메리카 대륙에서 막대한 부를 축적하고 돌아온 자본가들은 재력을 바탕으로 사회 지도층에 진입했다. 스페인 제일가는 무역, 산업 지역이었던 카탈루냐에는 안토니 로페스나 조안 구엘처럼 무일푼으로 시작하여 입신양명한 신흥 부르주아도 여럿 있었다. 이들은 대부분 제조업과 상업, 금융업을 겸하고 있어 재리에 밝고 새로운 산업 육성에 관심이 많았다.[38]

    애초에 귀족이 아니었던 신흥 부르주아들은 고리타분한 전통에 얽매이지 않았고 자연스레 그들의 입맛에 맞는 자유분방한 문화가 힘을 얻게 되었다. 보수적인 사람들은 남의 집 양이나 치고 허드렛일을 돕던 아이가 귀족과 정치인이 되어 나를 다스린다는 사실을 받아들이기 어려웠을 것이다. 하지만 이 같은 변화와 역동을 통해 새로운 지위를

– CASA MILÀ –

얻게 된 이들에게 이것은 하나의 진보였다. '변화와 역동'은 그들의 정체성이자, 그들이 이끄는 새 시대의 감각이었다. 신흥 부르주아를 대표하는 구엘과 새로운 건축을 대표하는 가우디의 만남은 우연이 아니었다. 비센스 주택과 구엘 저택, 칼벳 주택과 바트요 주택, 밀라 주택에 이르기까지 가우디의 주된 의뢰인은 부르주아, 그 중에서도 기계식 공장을 소유한 산업자본가들이었다.[39]

에우세비 구엘 같이 유복하게 자란 2세대 산업자본가들의 등장, 전기와 철도, 자동차 같은 새로운 기술의 발명, 오랫동안 도시 확장을 가로막아온 성벽의 철거, 그리고 근대적인 삶의 모습을 고민하게 한 새로운 도시의 건설. 19세기말 카탈루냐에는 수백 년에 한번 있을까 말까한 일들이 동시다발로 일어났다. 주체할 수 없는 변화의 열기는 곧 예술로 표출되기 시작했다.

한편 카탈루냐는 진보와 번영에 대한 희망으로 가득했다. 우리가 새 시대를 이끌어간다는 자신감은 곧 지역문화부흥으로 이어졌다. 가장 시급한 과제는 잃어버린 민족의 말과 글을 회복하는 것이었다. '다시 re 태어남 naixença'을 뜻하는 '라 레나이센사 la Renaixença' 운동이 일어나 카탈루냐 민족정신의 함양을 도모했다.[40] 이 운동은 민족정기를 '바로잡는 것 redreçament'을 기치로 지역의 구전문학을 기록, 발굴하고 카탈루냐어 문법을 체계화하며 문예기관을 지원했다. 1876년에는 카탈루냐 학술유람협회가 창립되었는데, 가우디가 잠시 회원으로 활동했던 이 단체 역시 여러 분야의 지식인들이 모여 지역을 유람하며 카탈루냐 자연과 문화가 지닌 고유의 아름다움을 발견하고 기념하려는 목적 아래 세워졌다.[41]

카탈루냐에 아르누보의 바람이 불다

이런 문화적 흐름은 곧 예술 양식으로 정립되기에 이른다. 지역의 색채가 유럽 아르누보 유행과 결합하며 독특한 예술 양식이 탄생한 것이다. 카탈루냐에서는 자연물을 소재로 삼아 건물을 화려하고 경쾌하게 장식하는 경향이 나타났는데, 스페인 본토와 확연히 구분되는 이 새로운 흐름을 '모데르니스마 카탈라 Modernisme català'라고 부른다.

    건축도 예술 전반에 걸친 민족적 분위기에 동참하여 지역 산야에서 흔히 볼 수 있는 풀과 꽃을 장식 소재로 사용하는 등 새로운 양상을 보였다. 가우디는 "우리에겐 (북쪽 나라에 차고 넘치는) 큰 나무들이 별로 없기 때문에 꽃과 덤불이야 말로 우리의 참된 수풀이라 할 수 있다. 농작물과 야채, 아몬드, 과실수, 그리고 온갖 꽃들이 만개한 오솔길, 손이 닿을만한 높이의 나무 그늘이 바로 그것이다."[42]라고 말한 바 있다.

    한편 모데르니스마 카탈라는 유리와 철이라는 산업 재료와 기술을 바탕으로 신고전주의 주류에 맞서 시대의 가치를 드러내려한 야심찬 도전이기도 했다. 반짝이는 재료로 시선을 사로잡는 화려한 장식물은 얼핏 공예적이고 장인적인 작업처럼 보이지만 조형적, 역학적으로 중요한 부분에 집중되어 돌 건축물의 육중함과 힘의 흐름을 시각적으로 끊어내며, 어디서도 본 적 없는 화사한 색채는 지중해의 온화한 기후에 어울리는 밝고 경쾌한 분위기를 자아낸다.[43]

    이 운동이 나래를 펼친 기간은 바르셀로나에서 두 번의 만국박람회가 열린 1888년부터 1929년까지였다.[44] 이 시기는 가우디가 30대 후반에서 70대까지 건축가로 활동한 기간과 일치한다. 실제로 그는 1888년

– CASA MILÀ –

박람회가 열린 시우타데야 공원 분수와 담장, 출입구 설계에 참여했고, 에우세비 구엘의 장인이 소유한 트란스아틀라티카 선박 회사 전시장을 짓는 등 박람회 개최로 분주하게 돌아가던 건축계 안에 있었다.[45] 이 흐름을 주도한 사람은 가우디 세대의 젊은 건축가들이었다. 안토니 가우디는 유이스 두메넥 이 문타네, 주셉 푸츠 이 카다팔크와 더불어 모데르니스마 건축을 대표하는 인물 중 하나로 꼽힌다.

돌 건축의 단단함을 벗다

우리에게 낯설지만 유이스 두메넥은 가우디 못지않게 유명한 건축가다. 나이 차이는 두 살에 불과하지만 가우디가 학교를 다닐 때 이미 건축학교 교수였고, 하원의원을 지낸 후엔 15년간 바르셀로나 건축학교 학장을 지냈다. 이론과 실무를 겸비한 그는 1878년 잡지 《라 레나이센사》에 기고한 글에서 "건축에 관한 대화를 맺는 마지막 말, 모든 비평을 시작하는 첫 물음은 오늘날의 민족 건축에 관한 생각을 맴돈다."는 말로 민족 건축에 관한 깊은 고민을 드러내며 모데르니스마 건축의 선봉에 섰다.

  초기작 문타네 이 시몬 출판사 사옥(1885)과 인테르나시오날 호텔(1888)은 모데르니스마 건축의 세 가지 특징적 요소 즉, 카탈루냐 고딕에서 흔히 사용되는 장식 요소, 유약 바른 타일이나 보베다 타비카다 같은 지역 전통의 건설 요소, 철제 구조물과 주철, 세라믹 타일 같은 산업 요소가 거의 독립된 상태로 섞여 있었다. 이런 요소가 혼재된 초기의 조합은 유럽 아르누보의 영향을 받아 식물 모티브 장식, 미묘한 곡선과 화려한 색채 아래 하나의 유기체로 엮이기 시작했다. 이런 경향은 후기작 카탈루냐 음악당(1908), 산파우 병원(1912)에서 명백히 드러난다.
그의 대표작인 카탈루냐 음악당은 민족적 상징과 화려한 장식, 산업 재료, 도시적 스케일과 대지의 이용방식 등이 절묘한 균형을 이루고 있다.
채색 후 유약을 발라 구운 꽃으로 화려하게 장식된 음악당은 얼핏 장식에 치우친 건물처럼 보이지만, 가볍고 경쾌한 내부 공간과 이곳을
가득 채운 환상적인 빛은 유리와 철이라는 산업 재료를 이용한 새로운 구조체계의 산물이다.

주셉 푸츠 이 카다팔크는 카탈란 고딕의 모티브를 즐겨 사용하는 건축가였다. 그는 고딕을 흠모했던 만큼 단순하고 명쾌한 구조의 건축을 선보였다. 마르티 주택(1896)은 신고딕 양식의 모데르니스마 건축물로서 단순하게 처리된 벽면과 생동감 넘치는 조각의 대비로 현대적인 느낌을 준다. 특히 모퉁이에 배치되어 대각선 방향의 시선을 유도하는 성 요셉 조각상은 안정감을 이루는 데 중요한 부분인 건물 모서리를 의도적으로 가려, 보는 이로 하여금 역동감을 느끼게 한다. 성 요셉 조각상 아래편에는 카탈루냐의 전통 장식 모티브인 산 조르디와 용을 조각했다. 사실 마르티 주택은 파블로 피카소의 개인전이 열리기도 했던 엘스 콰트라 가츠 레스토랑 건물로 더 유명하다. 당대 아방가르드 예술가들의 모임 장소였던 레스토랑이 문을 닫은 후에는 가우디가 회원으로 활동했던 산 육 예술원이 들어섰다.

바트요 주택 왼편에 있는 아마티예 주택(1900) 역시 주셉 푸츠의 대표작 중 하나다. 화려하게 조각된 주인집 창문은 카탈란 고딕의

– CASA MILÀ –

장식 모티브를 사용했고, 이곳에도 어김없이 용과 싸우는 산 조르디 조각이 등장한다. 그는 바로 다 콰드라스 저택(1905)에도 이 모티브를 사용했는데 산 조르디에 대한 공경은 아라곤 왕국에서 유래한 지역 전통으로 오늘날에도 카탈루냐 의회, 바르셀로나 깃발 등에 산 조르디를 상징하는 붉은 십자가가 등장한다. 쿠도르니우 양조장(1904)과 카사라모나 공장(1911)은 명쾌한 구조의 아름다움을 드러낸다.

 안토니 가우디, 유이스 두메넥, 주셉 푸츠의 건축은 하나의 흐름으로 묶기 어려울 만큼 다른 모습을 보이지만 카탈루냐 민족 건축을 향한 열망과 경직된 돌 건축에 새 시대의 활기를 불어넣으려 했다는 공통점은 부정할 수 없는 사실이다.[46]

 사실 가우디 건축의 특징으로 알려진 다채색 타일과 자연물 장식은 동시대 건축의 일반적 경향으로 이 세 건축가 모두 공유하고 있으며, 그중 가우디는 오히려 장식을 절제한 편이었다. 가우디 역시 한때 장식을 적극적으로 활용하긴 했지만 그는 늘 이해할 수 없는 과도한 장식보다는 '좋은 구조를 가진 단순한 양식'을 추구했다.[47]

 가우디를 비롯한 동시대 건축가들이 자연을 그들의 공통된 주제로 삼아 자연과 건축의 경계를 허물기 위해 노력한 까닭은 자연이야 말로 무비판적으로 반복 생산되는 신고전주의와 절충주의를 극복할 새로운 원천이라 믿었기 때문이다. 가우디는 "살아있는 모든 것은 색채와 운동감을 갖고 있다."고 말했는데, 이는 자연에 충만한 '색채'와 '운동감' 이야말로 건축에서 찾아볼 수 없는 속성 즉, 자연과 건축을 구분하는 경계라는 판단을 드러낸 것이다.

사실 그들이 담아내려 한 것은 자연을 있는 그대로 포착한 정지된 이미지라기 보다는 생육번성 끝에 사멸에 이르는 즉, 태어나 자라고 번성하여 온전함에 이르렀다 곧 죽어 사그라지는 생명의 끊임없는 변화였다. 생동감. 그들은 화려한 색채와 역동적 형태로 이런 변화에 대한 믿음을 표현했다. 변화와 역동을 찬양함은 이 같은 새로운 움직임이 우리를 보다 나은 곳으로 인도하리라는 확신을 담보한, 다시 말해 진보와 번영에 대한 희망을 드러내는 행위였다.

건축가 데이비드 멕케이는 모데르니스마 카탈라가 단순히 지역에서 등장한 아르누보 한 갈래를 뛰어넘는다고 보았다. 그는 이 흐름이 "유럽의 다른 경향들과 조화를 이루면서도 스페인에 맞서 자신의 문화자주성과 카탈루냐 민족 본연의 성격을 분명히 드러냈다."고 보았고, 또 "역사적 참조물과 현대적 재료를 긴밀하게 엮어냈고, 너울대는 자연의 곡선이 단순히 장식을 넘어 구조의 역할까지 아우른다는 점에서 하나의 국제적인 운동이라 부를 만한 성취를 이루었다."고 평가했다.[48]

건축가 조안 부스케츠는 "모데르니스마는 강력하게 진행된 도시 변화 과정에 합류하여 자신의 정체성을 드러내려 했던 카탈루냐 특정 그룹과 더불어 폭발적으로 이루어진 현상"이라고 기술했다.[49] 그는 이를 새로운 도시의 건설과 자신의 새로운 정체성을 드러내고자 했던 이들 사이에 일어난 화학적 반응으로 파악했다.

물론 모두가 희망에 젖은 것은 아니었다. 산업화 시대, 자본가와 노동자는 완전히 다른 세계를 살고 있었다. 같은 시기 활동했던 젊은 예술가 그룹 중에는 이를 부르주아적이고 종교적인 예술로 보고

―CASA MILÀ―

거부감을 드러내는 이도 있었다. 대표적 인물인 파블로 피카소는 지인에게 보낸 편지에 "만약 자네가 오피소를 만나거든 가우디와 성가정 성당은 지옥에나 가버리라고 전해주게."라고 적었는데 이는 다수 대중의 고달픈 삶에 눈감고 특정 집단을 위해 부역하는 예술가들에 대한 비판이라 볼 수 있다.

비평가 에우헤니 돌스는 1906년 일간지 《라 베우 다 카탈루냐 La Veu de Catalunya》 기고문을 통해 '모데르니스마와 상징주의를 철 지난 퇴폐 양식으로 규정하고 이를 극복하기 위한 사회적, 시민적 예술 개념'을 제안했고, 지식인들은 곧 그가 주창한 노우센티스마 Noucentisme[56]에 대한 지지를 표명했다. 시대가 요구한 표준화와 주거 문제에 해답을 제시하지 못한 모데르니스마는 1930년경 완전히 자취를 감추었다.

비록 오랜 기간 지속되지 못했지만 안토니 가우디와 유이스 두메넥, 주셉 푸츠가 고민했던 모데르니스마 건축은 유례가 없는 독특한 모습과 성격으로 오늘날까지 바르셀로나를 대표하는 얼굴이 되고 있다.

밀라 주택이 지어지다

밀라 주택의 의뢰인

"당시 바르셀로나에서 밀라 성을 가진 27살의 남자라는 것은
특별한 사람임을 의미했다."

— 주셉 마리아 우에르타스(Josep Maria Huertas, 1939~2007)

그라시아 대로는 자신의 새로운 지위를 드러내려는 부르주아의 욕망이 들끓는 거리였기에 독창적인 건축으로 이름난 가우디도 여러 차례 설계 의뢰를 받았다. 밀라 주택은 독특한 겉모습 덕에 채석장이라는 뜻의 '라 페드레라la Pedrera'라는 별명을 얻었고, 완성되기 전부터 수많은 논란을 불러일으키며 그라시아 대로에서 가장 유명한 건물로 떠올랐다. 라 페드레라는 지베르트 약국(1879), 토리노 바(1902), 바트요 주택(1906)에 이어 그가 이 길에 지은 네 번째 작품이고, 에이샴플라 주택으로는 칼벳 주택(1900), 바트요 주택(1906)에 이은 세 번째 작품이다.

 의뢰인 페라 밀라 이 캄스는 1874년 명성 높은 밀라 가문에서 태어났다. 그의 아버지는 섬유 산업으로 성공한 사업가였고, 삼촌은 1899년 바르셀로나 시장을 지냈기 때문에 그의 집안은 지역 사회의 명문가였다. 의뢰인 페라 밀라의 직업은 변호사였고 주택을 지을 당시에는 레리다 솔소나 지역을 대표하는 하원의원을 지내고 있었다.[51]

미술평론가 로버트 휴즈는 그를 "검은 띠가 둘러진 펄 그레이 정장을 즐겨 입는 댄디 스타일 멋쟁이이자, 바르셀로나에서 처음으로 자동차를 소유한 사람 중 하나였다."고 묘사했다.[52] 자동차에 관심이 많았던 그는 시장인 삼촌을 부추겨 1899년 12월 10일 바르셀로나 최초의 자동차 경주대회를 개최했고, 1906년 스페인 왕립 자동차 클럽 창립에도 참여했다.

루제 사기몬 이 아르테일스는 1870년 타르라고나 레우스에서 태어났다.[53] 21살 되던 1891년 과테말라에서 커피 재배로 크게 성공한 60세 사업가 주셉 구아르디올라 이 그라우와 결혼했고, 1901년 남편이 사망하면서 1,500만 페세타에 달하는 막대한 유산을 물려받았다.[54] 그로부터 4년 뒤인 1905년, 그녀는 페라 밀라를 만나 재혼했다.

밀라 부부는 결혼 후 구도심 람블라 델 에스투디스 쪽에 자리를 잡았다. 마차와 자동차를 타고, 리세우 극장 지정 박스석에서 사교 모임을 갖고, 여름엔 바닷가 별장에서 피서를 보내는 등 그들의 생활은 여느 부르주아들과 다를 바 없었지만,[55] 별난 건축가 가우디를 찾아가서 건축 역사상 가장 논쟁적인 집을 짓기로 결정한 것을 보면 남다른 취미를 갖고 있었음에 틀림없다.

밀라 부부는 가우디에게 설계를 의뢰하기 이전부터 그에 대해 어느 정도 알고 있었을 것으로 짐작된다. 가우디는 1900년 칼벳 주택으로 매년 한 작품에만 수여하는 바르셀로나 건축상을 수상했을 뿐 아니라, 바트요 주택과 성가정 성당의 건축가로 이미 이름을 날리고 있었다. 또한 페라 밀라는 평소 알고 지내던 주셉 바트요의 집을 방문하여

– CASA MILÀ –

가우디의 건물을 직접 보았고,[56] 가우디와 동향 출신인 사기몬은 예전부터 가우디 집안을 알고 있었다고 전해진다.[57]

루제 사기몬은 1905년 6월 9일 새 집을 짓기 위해 바르셀로나와 그라시아 경계에 있던 주셉 페르레 비달의 저택을 구입했다. 1,835m² 면적의 대지 위로 정원이 둘러싸고 있는 지하 1층, 지상 3층 규모의 전원주택이었다. 같은 해 9월 13일 제출한 서류에 따르면 공식적으로 이 대지를 구입하고 가우디에게 설계를 맡긴 사람은 사기몬 부인이었다.

밀라 주택의 개요

"이 눈부신 주택에 살고 싶은 부부나 가족을 찾습니다.
엘리베이터, 전기, 난방기, 화장실, 전화기 완비.
그라시아 대로 92번지 4층 (밀라 주택)"

— 《라 반구아르디아》, 1911-1915년 사이 게재된 신문 광고

밀라 부부의 집은 그라시아 대로와 프로벤사 길이 교차하는 모퉁이에 지어졌다. 세 면에 걸친 입면의 총 길이는 84.50m로 그라시아 대로 쪽이 21.25m, 모퉁이 쪽이 19.75m, 프로벤사 길 쪽이 43.50m, 블록 뒤쪽을 면한 입면의 길이는 25m이며, 입면의 높이는 26.63m이다.[58] [213쪽 참고]

밀라 주택은 지하 1층, 지상 7층 규모의 건물이다. 지하에는 주차장이, 도로에 면한 지상층에는 상가가 있었고 본층에는 밀라 부부가 거주했다. 그 위로 4개 층은 주거 공간으로 임대했고 다락은 세탁실과 창고로 활용했다. 출입구는 그라시아 대로와 프로벤사 길 쪽으로 각각 하나씩 있는데 대문을 지나 파티오에 도착하면 경사로를 따라 주차장으로 내려가거나 엘리베이터를 타고 집으로 올라갈 수 있다.

초기 설계에 따르면 지하실은 구엘 저택처럼 마구간으로 계획되었지만 자동차가 급속히 보급되면서 주차장으로 설계가 변경되었다.[59]

- CASA MILÀ -

이 주차장은 바르셀로나에서 최초로 설치된 지하 주차시설 중 하나였다.
층고가 높은 지상층은 상점으로 계획되었는데 일부 공간에 중간 높이의 바닥을 걸어 복층으로 사용했다. '라 페드레라 카페' 자리에는 1928년부터 약 80년간 지역에서 명성 높았던 모셀라 양장점이 있었는데, 최근 발견된 자료에 따르면 본래 이곳에는 1.5층과 4층에 있던 '라 펜션 히스파노 아메리카'의 식당이 있었던 것으로 밝혀졌다.[60] 주 출입구 사이에는 수위실과 여기에 딸린 거주 공간이 있었다.

건물의 2층에 해당하는 본층에는 밀라 부부가 살았다. 400평에 육박하는 1,323m² 면적의 집은 당시 유행을 따라 호화롭게 꾸며졌다. 전용 엘리베이터와 계단을 통해 한 층을 오르면 응접실이 있었고, 한편에는 고딕 제단화로 장식된 기도실이, 다른 편에는 넓은 전실이 있었다. 더 들어가면 그라시아 대로 쪽으로 집주인 페라 밀라의 사무실이 있었고, 그 뒤로 벽과 의자 등의 색깔 때문에 청색방이라 불린 방, 보라색방이라 불린 방이 있었다. 그라시아 대로 쪽으로는 테라스가 딸린 넓은 식당, 옻칠된 물건으로 꾸며진 중국방, 욕실이 딸린 부부 침실, 안주인 사기몬 부인의 옷방, 두 개의 침실이 이어졌다. 물론 안쪽으로 더 많은 방과 부엌 외 서비스 공간이 있었다.[61]

일반적인 건물의 3층에 해당하는 1층부터 4층까지 4개 층은 임대 주택으로 사용되었다.[62] 층별로 차이가 있지만 기본적으로 각 층마다 원형 파티오 양편으로 서너 가구가 배치된다. 1층은 440m² 면적으로 등분된 세 가구, 2층과 3층은 비슷한 면적으로 등분된 네 가구, 4층은 전체 면적의 반을 차지하는 그라시아 대로 쪽의 한 가구와 남은 면적을 이등분한 두 가구, 총 세 가구로 구성된다. 현재 관광객에게 개방된 집은 4층 그라시아 대로 쪽 큰 집이다. 종합해보면 임대 주택의 구성은 290m²에서 600m²까지 면적이 다양하다. 모든 집에는 전기, 조명, 난방 시설과 온수가 공급되는 욕실이 설치되었고, 다락의 세탁실과 창고, 지하주차장 등이 공용 공간으로 제공되어 이 시대 부르주아들이 바라던 안락함을 충족시켰다.

    다락을 둔 이유는 태양열의 직접적인 전달을 막고, 비가 샐 때에도 수리가 용이하기 때문이다. 앞서 바트요 주택, 베예스구아르드, 보티네스 주택에도 다락을 두었지만 밀라 주택의 경우에는 독특한 형태 덕에 공간의 폭과 높이가 제각각이라 전혀 다른 접근법이 필요했고, 가우디는 270개의 카테너리 아치를 활용하여 이를 해결했다.

    마지막으로 옥상은 역동적인 형태를 자랑하는 6개의 계단실, 지하까지 연결된 2개의 환기구, 부엌과 지하층의 보일러 등에 연결된 30개의 굴뚝이 한데 어우러져 어디서도 보지 못한 조각적인 풍경을 이룬다.

    주택 건설 중 가우디는 바르셀로나 시 뿐 아니라 밀라 부부 와도 몇 차례 마찰을 겪었다. 페라 밀라 사망 후 밀라 주택은 부동산 회사에 매각되었다가 우여곡절 끝에 지금과 같은 모습으로 복원되어 대중에 공개되었다.

– CASA MILÀ –

세간의 평가

> "이런 동굴 같은 건물에 사는 사람들은 분명
> 강아지 대신 뱀을 키울 거야."
> ― 산티아고 루시뇰 (Santiago Rusiñol i Prats, 1861-1931)

밀라 주택에는 스페인 주재 아르헨티나 총영사였던 알베르토 가체, 자동차 문화를 선도한 '아우토 가라헤 셀트랄'의 설립자 파코 아바달, '카사 고미스 라바사다' 전차회사를 운영한 이집트의 이브라힘 하산 왕자, 거대한 롤스로이스를 타고 다닌 리네라 직물 공장의 소유자 안토니 펠리우 프랏 등이 거주했다. 페라 밀라를 포함한 거주자들은 단순한 재력가를 넘어 사회적으로 영향력이 있는, 특히 자동차나 전차, 기계식 공장 같이 새로운 문물과 기술에 눈이 밝은 사람들이었다. 밀라 주택뿐 아니라 이 집에 거주한 사람들 역시 새 시대를 여는 진취적인 인물이었던 것이다.[67]

　밀라 주택은 완성되자마자 부르주아들이 탐내는 주택으로 떠올랐지만 독특한 겉모습 탓에 종종 신랄한 풍자와 조롱의 대상이 되곤 했고 온갖 소문이 끊이지 않았다. 애초에 4m 높이로 계획된 동정녀 조각상이 본래는 건물보다 더 높았다는 풍문이 돌았고, 심지어 있지도

않은 주택 안쪽 경사로를 타고 위층에 올라가 집 앞에서 손님을 내렸다는 택시 기사도 등장했다.[68]

밀라 주택에 쏟아진 조롱 가운데 가장 유명한 것은 일간지 《엘 디루비오 El Diluvio》의 주간 부록에 실린 브루넷의 풍자화다. 그는 밀라 주택에 '생쥐 굴'이라는 별명을 선사한 장본인이다. 건축가 후안 호세 라우에르타는 이 그림을 다음과 같이 묘사했다.

> 입면의 둥근 개구부들은 악어와 쥐, 뱀, 고슴도치, 올빼미, 바다 괴물 등 모든 종류의 꺼림칙한 동물들이 드나드는 깜깜한 구멍으로 바뀌었다. 두 줄 곡선으로 마무리된 건물은 시꺼먼 하늘을 배경으로 놓였고, 옥상에 놓인 굴뚝과 환기구, 계단실은 크림 덩어리가 아니라 불길한 해골 무더기로 바뀌었다. 브루넷의 그림 아래는 "건축의 표본 / 중세 / 둥지와 매장지의 중간 / 뭐 나쁘지 않은데."라고 쓰여 있다.[69]

건축계에서도 이 건물을 두고 의견이 분분했다. 가우디는 1900년 이미 바르셀로나 시 건축상을 수상했고, 성가정 성당이라는 거대한 프로젝트를 맡은, 이 도시에서 가장 유명한 건축가 중 한 명이었다. 건물에 대한 호불호는 차치하더라도 세간을 떠들썩하게 만든 밀라 주택은 1순위 건축상 후보였다. 1911년 11월 25일, 전년도에 완성된 작품을 대상으로 한 심사가 열렸다. 심사위원들 스스로 이 주택을 '대중들의 쏟아지는 관심을 받은 가장 유명한 건축물'이라 소개했다. 하지만 이어진 평가에서 "이 건물은 하나의 유기체를 이룬 것이 아니라 내외부

— CASA MILÀ —

간에 상당한 독립성을 갖고 있기 때문에 내부 장식을 면밀하게 관찰하지 않고 단지 겉모습만 가지고 존재 이유를 논하기 어렵다."[70]고 결론 내렸다.

심사위원들은 내부 장식이 완성되지 않았다는 이유로 그 해 심사를 유보했지만 이듬해 다시 후보에 올리지 않았고, 그해 바르셀로나 건축상은 결국 주셉 푸츠 이 카다팔크가 지은 카사라모나 공장에 돌아갔다.

밀라 주택에 대한
건축적 분석

기존 주택의 문제

세르다의 1855년 계획안은 길의 폭이 무려 35m였고 정원을 갖춘 가로 20m, 세로 20m 규모의 단독 주택으로 이루어진 이상적인 도시였다. 하지만 당시 바르셀로나의 평균 도로 폭이 4m였고, 가장 번화한 람블라스 길의 폭이 20m가 되지 않았다는 점을 감안하면 현실성이 떨어지는 계획안이었다.[71] 계획안이 구체화되면서 세르다 역시 치열한 도시의 현실을 받아들이지 않을 수 없었다. 1859년 계획안에서 그는 합벽주거블록 즉, 옆집과 벽을 공유하는 길쭉한 집들이 빼곡하게 들어선 블록을 제안했다. 도로 폭은 20m로 줄었지만 건물의 높이가 최고 4층, 16m로 제한되어 하루 종일 햇볕이 드는 쾌적한 환경의 도시였다.

합벽 주택은 양옆이 이웃 건물로 막혀 앞뒤로만 열리는 길쭉한 집이다. 채광 환기가 가능한 부분은 바깥으로 창이 난 전면과 후면뿐이라 둘 사이에 끼인 건물 중앙 부분은 직접적인 채광 환기를 할 수 없는 구조다. 이에 따라 침실과 거실은 직접 채광 환기가 가능한 바깥으로 배치했고, 부엌과 화장실 등은 가운데 부분에 배치되어 계단실이나 별도의 환기 통로를 통해 최소한의 빛과 공기를 제공받았다. 그나마 건물의 높이가 낮았기 때문에 유지될 수 있었던 구조였다.[72]

하지만 1863년 계획안에서는 건물의 높이가 20m, 지상층과 주거층의 깊이가 각 28m, 24m로 늘어났다.[73] 바깥방은 괜찮지만 가운데 부분이 문제였다. 가운데 배치된 계단과 복도, 부엌, 화장실 등은 모두 같은 통로에 연결되어 있기 때문에 이곳을 통해 유입되는 공기는 이미 음식 냄새와 화장실 습기로 가득한 상태였고, 우물 같이 깊어진 형태라 한 줌 빛도 얻기 어려웠다. 특히 앞뒤로 긴 주택을 연결하는 중추 공간인 복도와 출입구는 어둑한 계단실조차 부엌과 화장실에 양보해야했기 때문에 대낮에도 아무것도 보이지 않을 정도로 깜깜했다. 이 같은 상황은 상대적으로 깊이가 깊어지는 아래층에서 더욱 심각했다. 이러한 상황이 4층 이상에서 어느 정도 나아지는 것을 볼 때, 높이를 16m로 제한했던 1859년도 계획안대로 지어졌다면 합벽주거블록에는 별 문제가 없었을 것이다. 결과적으로 에이샴플라 주택은 블록의 밀도가 높아짐에 따라 처음 계획된 모습과는 다른 방향으로 개발되었다.

여러 차례에 걸쳐 건폐율과 용적률이 높아진 오늘날 에이샴플라 구의 인구밀도(2016년 현재 35,330명/km^2)는 오늘날 서울 강남구에서도 수치가 가장 높은 도곡 2동의 인구밀도(2016년 기준 34,249명/km^2)를 웃돈다. 10층 건물도 흔치 않은 낮은 도시에서 길도 널찍하게 놓고 블록 안쪽을 큼직하게 비우면서도 이 같은 밀도를 유지하는 비결은 옆집과 벽을 공유하고 일렬로 빼곡하게 들어선 도시 구조 덕분이다.

다시 말해 바르셀로나의 공공 공간은 옆으로 창을 내지 않는다는 사회적 합의를 통해 얻은 결과다. 양 옆을 막았으니 앞뒤로 열 수밖에 없었고 이러한 주택이 합벽주거블록의 기본 유형이 되었다.[73]

'앞뒤로 열린 길쭉한 집'은 바르셀로나 기후와 에이샴플라 도시

– CASA MILÀ –

구조에 맞추어진 주택 유형이다. 탁 트인 남향집을 선호하는 우리나라 사람에게 이런 집은 어둡고 답답하게 느껴질 수 있다. 하지만 스페인처럼 태양이 뜨거운 나라, 특히 바다와 인접해 습도까지 높은 바르셀로나는 밝고 더운 집보다는 조금 답답해도 서늘한 집을 더 선호했다. 이상적인 환경은 한낮의 뜨거운 태양을 피하고 아침저녁으로 살짝 볕이 드는 집, 늘 바람이 통해 덥혀진 집안의 열기를 식혀주는 집이다. 앞뒤로 열린 집은 앞쪽 길과 뒤쪽 파티오 양편을 통해 적당한 채광 환기가 가능할 뿐 아니라, 두 곳 사이의 온도 차이로 인해 늘 어느 정도 바람이 흐른다.

하지만 이 같은 합벽주거블록에는 몇 가지 태생적 문제가 존재한다. 밀라 주택과도 관련된 두 가지 문제는 대지의 '방향'과 '모양'에 기인한다.

첫 번째 '방향'의 문제는 에이샴플라 블록이 향을 고려하지 않고 사방으로 건물을 배치하면서 발생한다. 쉽게 말해 에이샴플라 블록의 네 면은 모두 다른 방향을 바라보기 때문에 그중에는 당연히 집을 짓기 좋은 곳과 그렇지 않은 곳이 상존하기 마련이다. 단독 주택이라면 방의 배치를 조정하여 문제를 해결할 수 있지만, 양 옆이 막힌 합벽 주택은 상황에 맞추어 배치를 바꾸는 것이 근본적으로 불가하다. 채광 환기가 가능한 바깥쪽에 거실과 침실을 배치하면 다른 곳의 배치는 이미 결정된 것이나 다름없기 때문이다. 이런 이유로 에이샴플라에서는 같은 동네라 하더라도 블록 내 위치에 따라 집의 가치가 크게 달라진다.

가장 선호되는 주택지는 블록의 동쪽, 즉 남북방향으로 길게 이어진 면이다. 이곳은 동쪽과 서쪽으로 열려 채광 환기가 가능하고, 남쪽은 다른 건물에 가려 아침저녁 적당히 햇빛이 들고 대낮에 집 안이 더워지지 않는 이상적인 위치다. 그라시아 대로로 치면 밀라 주택 맞은편에 해당하는 이 면에는 아마티에 주택, 바트요 주택, 예오 모레라 주택, 로베르트 저택 같은 유력 가문의 주택이 즐비하다.

두 번째 '모양'의 문제는 에이샴플라 블록을 합벽 주택으로 분할하며 생긴 삼각형 자투리 땅, 즉 '샴프라'라고 불리는 블록의 네 모퉁이에서 발생한다. 일반 주택은 길의 직각 방향으로 놓여 앞면과 뒷면이 온전히 열리는 데 반해, 샴프라 주택은 양편 집에 의해 뒷면이 가로막힌다. 주거환경에 막대한 피해를 주는 이 문제는 세르다 블록의 변형과 함께 불거졌다. [214쪽 참고]

애초에 세르다는 블록이 아닌 '길 사이 공간' 즉, 격자 모양의 길 사이 공간을 닫히지 않은 영역으로 제안했다. 1859년 계획안을 보면 그는 이 영역에 건물을 '11'자나 'ㄱ'자, 'ㄷ'자 형태로 배치하여 가능한 모퉁이를 열어놓으려 했고, 그렇지 못한 경우에는 샴프라 뒤편을 비워 적절한 채광 환기가 가능하도록 배려했다. 처음부터 샴프라의 구조적 문제를 내다보고 있었던 것이다. 하지만 이후 건물의 깊이가 20m에서 24m로 깊어지고, 높이가 높아지면서 이 문제는 더욱 심각해졌다.

모퉁이 집의 문제는 크게 두 가지다. 첫째는 평행한 두 벽에 나무 보를 올리는 기존 건설 방식으로는 합리적 평면의 삼각형 건물을 구성하기 어렵다는 점이고, 둘째는 다른 집들이 앞뒤로 열린 것과 달리 앞으로만 열린다는 점이다. 집 전면에만 창이 나기 때문에 채광 환기 등을 오롯이 앞쪽에 의지한 채 나머지 공간은 모두 어두컴컴한 '눈먼 방'이 될 수밖에 없는 구조다. 더구나 샴프라는 교차부 광장에

면하고 있어 하루 종일 태양에 노출된다. 한 여름 뜨거운 햇볕이 내리쬐면 꼼짝없이 앞쪽 창을 모두 가려야 하는데, 그러면 앞도 뒤도 막힌 상태가 되어 햇빛을 가장 많이 받는 집이 오히려 가장 어두운 집이 되는 역설적인 상황을 맞게 된다.

두 번째 문제를 해결하는 가장 간단하고 일반적인 해법은 건축면적을 줄여 뒤쪽에 빈 공간을 확보하는 것이다. 쉽게 말해 땅을 다 채워 삼면이 막힌 답답한 집을 만드느니 짜리몽땅한 집을 지어 뒤쪽을 열겠다는 판단이다. 하지만 이 방법으로는 양편에 위치한 두 집 정도만 구제 가능할 뿐 여전히 모퉁이 집의 해결은 요원하며, 소중한 자기 땅을 내주어야하기 때문에 토지 이용의 효율성이나 경제성 면에서 합리적이지 못하다.

특별한 경우를 제외하면 샴프라는 주거지로서 가치가 현저히 떨어지기 때문에 이를 해결하는 것은 오늘날까지도 모든 건축가의 숙제로 남아 있다. 샴프라를 둘러싼 두 가지 난제를 해결하기 위해 가우디는 새로운 유형의 건물을 제안한다.

새로운 유형의 샴프라 주택

칼벳 주택과 바트요 주택, 두 번의 경험을 통해 가우디는 에이샴플라 주택의 구조를 속속들이 파악했다. 에이샴플라는 체계적인 계획을 통해 반복 생산된 도시로, 한 곳의 특성을 이해하면 다른 곳의 상황도 충분히 예측할 수 있는 구조이기 때문이다. 특히 같은 시기, 같은 길에 지어진 바트요 주택의 사례를 눈여겨 볼만하다. 신축을 원한 집주인을 설득하여 기존 주택을 개조하게 만든, 다시 말해 에이샴플라 주택의 기본 골격을 유지하면서도 얼마든지 새로운 건축이 가능함을 주장하고 관철시킨 사람이 바로 가우디였다. 그런 그가 곧이어 진행된 밀라 주택에서는 완전히 새로운 유형의 주택을 제시했다. 그는 "장래 이 주택이 대형 호텔로 바뀐다 해도 놀라지 않을 것이다. 밀라 주택은 배치를 바꾸기 쉬우며, 쾌적한 방들로 가득하다."고 말하면서 자신이 단순히 한 주택의 요구가 아니라, 샴프라의 도시 구조적 문제를 다루고 있음을 넌지시 드러냈다. 적당한 채광과 환기, 공적·사적 공간의 관계, 안락함 등은 건물의 용도와 상관없이 일반적으로 요구되는 사항이기 때문이다.

    가우디는 샴프라에 대한 합리적인 해법을 제시한다. 결론부터 이야기하면 그는 자기 땅을 내어주지도 모퉁이 한 집을 포기하지도 않으며, 오히려 모퉁이에 위치한 네 집 모두를 앞뒤로 열린, 그보다 더 나은 새로운 유형의 집으로 탈바꿈시켰다. 단순히 주거환경뿐 아니라 토지 이용의 효율성과 경제성이 떨어지는 문제도 그로 하여금 전혀 다른 해법을 모색하게 했을 것이다. 기존 유형으로 해결이 어렵다고 판단한 가우디는 이 땅의 문제를 해결하기 위한 건축적 장치로 '원형 파티오'와 '너울대는 입면'을 제안했다.

    밀라 주택 대지가 애초에 못난 집터였던 것은 아니다. 본래 사기몬 부인이 구입한 땅에는 넓은 정원을 갖춘 3층 전원 주택이 있었다. 후작이자 당시 이미 상원, 하원의원을 두루 지낸 유력한 부르주아 주셉 페르레 비달의 집이었다. 집주인 지위나, 대지의 위치, 집의 규모로 볼 때 길 건너 로베르트 저택 못지않은 대저택이었다. 단독 주택에서는 앞서 논의한 모퉁이 땅의 문제들이 발생하지 않는다. 평면 배치의 묘를

— CASA MILÀ —

통해 대지 조건을 얼마든지 자신에게 유리한 방법으로 풀어낼 수 있기 때문이다. 다시 말해 샴프라의 문제는 격자형 합벽주거블록이라는 도시 구조에서 기인한 것으로, 에이샴플라 세대인 가우디와 동시대 건축가들이 처음 당면한 새로운 과제였다.

블록의 네 모퉁이가 다 같은 문제를 안고 있지만 그중에서도 밀라 주택이 자리한 남서쪽 모퉁이의 환경이 가장 열악하다. 뒷면이 막혀 바람이 잘 불지 않는데다, 한낮의 태양과 해질녘 길게 드리우는 석양빛에 그대로 노출되기 때문이다. 이 집은 남서쪽으로 열려 있어 창을 열면 뜨거운 서향 볕이 깊게 파고들고, 창을 닫으면 앞뒤로 막혀 빛도 바람도 들어오지 않는 난처한 상황에 처한다. 더구나 밀라 주택이 면한 남서쪽 길은 바르셀로나에서도 가장 넓은 그라시아 대로다. 이 땅은 남쪽 뿐 아니라 서쪽 방향으로도 완전히 뚫려 있어 해지기 직전 늦은 오후까지 뜨거운 태양빛에 노출된다. 1년 365일 해를 피할 수 없는 이곳은 단언하건대 바르셀로나에서 제일 더운 주택지 가운데 하나일 것이다.

밀라 주택을 자세히 들여다보기에 앞서 이 건물이 주인 부부만을 위한 단독 주택이 아니라는 사실을 주지할 필요가 있다. 밀라 부부가 거주한 본층을 제외한 건물 전체는 임대를 위한 집합 주택이었고, 이 프로그램은 임대에 적합한 면적 배분과 동선, 그리고 무엇보다 어느 한 집 군색하게 빠지지 않는 균형 잡힌 평면을 필요로 했다.

일반 주택이든 샴프라 주택이든 에이샴플라에서 직접 채광 환기를 할 수 있는 부분은 전후면 한 켜뿐이다. 따라서 모든 주택 설계의 핵심은 이 부분을 어떻게 나누느냐에 달려 있으며, 가우디의 주택도 예외는 아니다. 면적 차이가 있을 뿐 각 층의 기본 구성은 동일하므로 내부 구조를 가장 명확하게 보여주는 3층의 네 집을 기준으로 살펴보도록 하자.

일반적인 규모의 샴프라 주택은 옆집에 가려 뒷면이 거의 없지만 주택 네 채가 들어갈 만큼 넓은 땅에 들어선 밀라 주택은 프로벤사 길 뒤쪽으로 20m 정도의 입면을 걸치고 있다. 이를 잘 활용해 샴프라의 난제를 해결한다면 집주인으로서도 상당한 경제적 이득을 기대할 수 있다. 앞뒤로 열린 주택의 장점을 잘 알고 있었던 가우디는 주택의 전면(84.5m)과 후면(25m)을 공평하게 분할하여 어떻게든 모든 집을 앞뒤 양편으로 열고자 했다. 결국 이를 통해 앞이 넓고 뒤가 좁은 긴 삼각형 집 네 채가 만들어졌는데, 케이크를 자르듯 간단한 일처럼 들리지만 이로 인해 또 다른 문제들이 생겨났다. [219쪽 참고]

-CASA MILÀ-

원형 파티오

주거환경을 개선하다

원형 파티오는 근본적으로 주거환경 개선을 위한 건축적 장치다. 샴프라의 삼각형 분할을 통해 네 집 모두가 앞뒤로 열리게 되었지만 대지를 대각선으로 가로지르며 집의 깊이가 더 깊어진 것은 주거환경면에서 재앙에 가까웠다. 샴프라 보다 상황이 더 나은 일반 주택에서조차 주택 가운데 부분의 위생 상태가 한계 상황에 다다르고 있었기 때문이다.

가우디가 "[합벽 주택의 배치상 어쩔 수 없이 가운데 위치한] 식모방은 종종 계단을 통해 환기하곤 한다. 하지만 어떤 경우든 침실은 외부로 직접 환기를 해야지, 이처럼 내부를 거쳐서는 안 된다. 음식 냄새가 계단과 침실로 들어가지 않게 하려면 부엌은 전용 환기구를 가져야 한다."[76]고 말한 것을 보면 그도 주택 가운데 부분의 위생 문제를 고민했음을 알 수 있다. 건물이 높아지면서 계단실이 우물처럼 깊어지자, 계단실을 통해서만 채광 환기가 가능했던 가운데 부분의 주거환경은 형편없이 나빠졌다.[77]

건물 높이에 상응하는 너비의 공간을 비우는 방법 외에 뾰족한 해결책이 없었지만, 일반 주택에는 이 정도 규모의 파티오를 넣을 만한 공간적 여유가 없었다. 샴프라를 대각선으로 잘라낸 삼각형 집은 일반 주택보다 4-5m나 더 길었는데, 가우디는 이 부분을 비워 두 집이 공유하는 커다란 파티오를 집어넣었다. 엄연히 존재하는 샴프라의 구조적 문제를 오히려 새로운 유형의 주택을 만들 기회로 삼은 것이다.

[219쪽 참고]

    우선 샴프라 집들이 일반적으로 비워놓던 뒤쪽 땅을 들여와 건물 한가운데 큼직한 파티오를 만들고 그 주변에 복도를 배치했다. 전용 환기 통로를 갖게 된 부엌, 화장실 등 서비스 시설은 복도 뒤편으로 물렸다. 평면 배치상 어쩔 수 없던 프로벤사 길 쪽 한 부분을 제외하면, 파티오 공기를 오염시킬 만한 어떤 시설도 배치하지 않았고, 구조체를 제외한 파티오 입면 전체를 개구부로 만들어 충분한 빛과 공기를 받아들이게 했다. 그 결과 밀라 주택은 건물 내부에 외부나 다름없는 공간을 품게 되었고, 음습했던 가운데 부분은 빛과 공기를 공급하는 밝고 쾌적한 공간으로 거듭났다.

    앞서 말했듯이 밀라 주택과 바트요 주택을 포함한 에이샴플라 주택 대부분은 임대를 위한 집합 주택이다. 따라서 공간 역시 건물의 용도와 목적에 맞게 거주하는 이웃 간의 사회적 관계를 담아내야 한다. 밝고 쾌적한 파티오는 이 역할에 안성맞춤이었다.

위치와 방향을 명확하게 인식하다

밀라 주택의 원형 파티오는 도시와 건물, 개별 주거 공간 사이의 관계를 명확히 파악할 수 있는 기준이 된다. 기존 에이샴플라 주택에서 계단실은

—CASA MILÀ—

건물 한 가운데 뚝 떨어진 공간으로 존재했다. 길에서 대문을 열고 어둑한 통로를 지나 사방이 막힌 계단실에 이르고, 좁은 계단을 몇 바퀴 돌아 자신의 집에 다다르는 일련의 과정은 하나의 건축적 경험이라 할 수 없는 혼란스런 상태였다. 건물 전체의 구조를 한눈에 보여주는 열린 공간이 전혀 없는데다 길과 통로, 계단 어디에서도 도시와 자신의 집을 잇는 공간적, 사회적 연결고리를 찾을 수 없기 때문이다. 결국 이 과정에서 거주자는 자신의 위치와 방향을 잃고 고립된다.

반면, 밀라 주택의 파티오는 그 관계를 체계적으로 인식할 수 있는 하나의 축을 제공한다. 길에서 대문을 통해 들어온 거주자는 건물 한 가운데 밝게 빛나는 커다란 파티오를 발견하고, 그 한편에 위치한 엘리베이터를 타고 올라가 자신의 집으로 들어간다. 집 안에서도 파티오는 가정생활의 중심이다. 공적 공간인 도시, 매개 공간인 집합 주택의 안뜰, 사적 공간인 자신의 집을 관통하는 명확한 인식의 축이 생긴 것이다. 거주자는 건물 안에서 어느 한 순간도 자신의 위치와 방향을 잃지 않는다. 사소한 이야기 같지만 이는 도시와 건축, 공적 사적 공간 간의 관계를 설정하는 데 무척 중요한 문제이다.

1906년 시에 제출한 밀라 주택 초기 계획안과 최종적으로 지어진 밀라 주택은 형태적으로 비슷하지만 공적, 사적 공간이 만나는 파티오 부분에서는 작지만 의미 있는 변화가 관찰된다. 초기 계획안에는 엘리베이터가 없었기 때문에 거주자들은 원형 파티오 안쪽 벽을 따라 놓인 계단을 통해 이동해야 했다. 만약 초기 계획대로 지어졌다면 파티오의 모습은 지금과 상당히 달랐을 것이다. 이 계단을 통해 오르내리는 이웃들이 자기 집을 훤히 들여다본다면 파티오 쪽으로 큰 창문을 만들 수도, 현재와 같이 입면을 깨끗하게 정돈하여 공적 공간의 분위기를 자아낼 수도 없었을 것이기 때문이다.

-CASA MILÀ-

너울대는 입면

한편으로 에이샴플라에 건물을 짓는 것은 '하나의 입면을 짓는 것'을 의미한다. 양 측면은 옆집과 붙어 있고 뒷면 역시 길에서 보이지 않기 때문에 건물이 자신의 존재를 드러낼 방법은 오로지 정면 하나뿐이다. 따라서 엄밀히 말해 모두를 놀라게 한 가우디의 새로움은 밀라 주택 자체라기보다는 너울대는 입면에 있다고 해야 할 것이다.[78]

건물의 입면은 추위와 더위를 막고 구조체로서 하중을 지지하기도 하며, 동시에 건축의 내적 논리를 드러내는 얼굴 역할을 한다.[79] 원형 파티오가 샴프라 문제에 개입한 것처럼 너울대는 입면에는 어떤 역할이 숨겨져 있을까? 밀라 주택이 왜 이런 옷을 입게 되었는지 생각해보자.

내리쬐는 태양빛을 조절하다

가우디는 밀라 주택 건설이 한창이던 1909년 성가정 성당 경내에 임시 학교를 지으면서 밀라 주택과 유사한 굴곡진 입면을 사용했는데 그 이유 중 하나로 '기후 조절' 효과를 언급했다. 성가정 성당 학교의 입면은 밀라 주택처럼 들어가고 나오는 벽면의 굴곡에 따라 입면에 그림자를 드리우며, 그 곡면을 따라 설치된 창들은 서로 다른 방향을 향한다.

몇몇 가우디 연구자들은 밀라 주택의 프로벤사 길 쪽 입면이 다른 두 입면보다 더 굴곡진 이유를 측면에서 들이치는 서향 빛을 조절하기 위함으로 보았다.[80] 실제로 샴프라에 위치한 데다 남서쪽으로 뻥 뚫린 그라시아 대로에 면한 밀라 주택은 아침부터 저녁까지 한 순간도 태양빛을 피할 수 없다. 그중 가장 괴로운 시간대를 꼽으라면 분명 해질 무렵일 것이다. 석양빛은 한낮에 비해 강도가 약하지만 입사각이 낮아 처마나 베란다로 가려지지 않고 집 안 깊숙이 파고들어 실내 온도를 높이고 거주자의 눈을 괴롭힌다. 이는 해질녘 눈부신 서향 빛을 마주보고 운전하는 상황과 비슷하다.

　　너울대는 입면은 이 빛을 능동적으로 조절할 수 있게 한다. 입면의 굴곡은 움푹한 곳에 그림자를 드리울 뿐 아니라, 특정 각도의 빛을 피할 수 있게 해준다. 예컨대 늦은 오후 서쪽 창문의 햇빛가리개를 모두 내리고, 다른 쪽 창문을 열면 해질녘 낮고 뜨거운 직사광선을 피하면서도 열이 없는 반사광을 받아들일 수 있다. 반면 입면이 평편한 보통 건물은 어느 곳에도 그림자를 드리우지 않을 뿐 아니라, 모든 창이 같은 방향을 향하기 때문에 태양빛을 능동적으로 조절할 수 없다.

부드러운 곡면의 장식 효과를 고민하다

한편 밀라 주택의 입면은 고전 건축의 어휘로 해결하기에 까다로운 조건을 가지고 있다. 밀라 주택은 일반적인 에이샴플라 주택 네 채를 합친 만큼 큰 건물로 입면 길이만 바트요 주택의 6배에 이른다. 세 입면의 길이는 그라시아 대로 쪽이 21.25m, 모퉁이 쪽이 19.75m,

-CASA MILÀ-

프로벤사 길 쪽이 43.50m로 대칭을 이루지 않는데다, 모퉁이 땅에 위치하여 세 입면이 한 눈에 훤히 보이기 때문에 실제로 보면 무척 거대하게 느껴진다.

샴프라에 위치한 비슷한 규모의 건물을 보자. 보에 해당하는 수평 요소 엔타블러처가 두 번 꺾이며 끝에서 끝까지 쭉 연장되는 모습을 보면 명쾌하고 똑 떨어진 고전의 아름다움은 간데없고 둔탁하고 뚱뚱한 느낌을 지울 수 없다. 밀라 주택이 처한 상황도 마찬가지였다. 가우디는 고전에 대한 새로운 해석을 시도했다. 부드러운 곡면으로 처리되었지만 밀라 주택 입면에는 여전히 고전의 기둥과 주두, 엔타블러처에 해당하는 부재들이 남아있다. 미묘한 흔적으로 남은 고전의 요소들은 주택 입면의 굴곡을 따라 함께 요동하며 활기찬 리듬을 만들어낸다.

가우디는 늘 규모의 문제에 민감했다. 그는 밀라 주택을 바트요 주택 같이 아기자기하게 장식하지 않았다. 가우디는 젊은 날 자신의 건축 노트에 "단순한 형태가 웅장한 것에 걸 맞는 특성이며, 풍성한 장식이 작은 덩어리의 고유한 특성이라는 사실은 일반적인 상식이다. 웅장한 덩어리는 언제나 그 자체로 하나의 숭고한 장식 요소였다. 예를 들어 파르테논 신전의 직경 2m에 이르는 드럼에 무슨 장식을 더 바랄 수 있겠는가?"[81] 라고 기록했다.

가우디 스스로 하나의 모뉴먼트[82]라고 칭한 밀라 주택은 소소하고 예쁘장한 장식으로 꾸며질 하찮은 건물이 아니었다. 장식이 절제된 밀라 주택의 입면은 이후 성가정 성당에서 꽃피울 룰드 서피스[83] 기하학의 다채로움에 관한 예고편이었다. 그는 "[룰드 서피스 기하학의 산물인]

파라볼로이드, 하이퍼볼로이드, 헬리코이드는 언제나 자신에게 비치는 빛을 다양하게 변화시키며, 그 고유한 색조가 선사하는 풍부함은 여타 장식이나 조형물을 필요로 하지 않는다."고 강변했다. 밀라 주택 이후 성가정 성당에서 그는 거의 모든 부재를 룰드 서피스 기하학으로 만들었다.

 밀라 주택은 바트요 주택처럼 화려하게 채색되지 않았다. 그는 "낡은 빛깔. 타고 오르는 식물과 발코니에 놓인 꽃으로 풍부해진 돌의 낡은 빛깔이 밀라 주택에 끊임없이 변화하는 색채를 부여할 것"[84]이라고 이야기했다. 밀라 주택이 돌 본연의 색을 담담하게 드러낸 까닭은 그 단순한 입체에 드리워질 부드러운 색조, 그리고 빛과 그림자의 리듬을 웅장하게 드러내는 것이야말로 이 주택의 진정한 장식이기 때문이다.[85]

 그라시아 대로 양편에서 마주보는 두 주택, 일조 조건이 전혀 다른 바트요 주택과 밀라 주택을 비교하면 빛과 형태, 채색 대한 그의 생각을 보다 명확하게 이해할 수 있다. 비슷한 시기, 비슷한 장소에 지어졌지만 두 건물의 입면은 상당히 다른 모습을 보여준다. 두 주택 사진을 나란히 놓고 보면 언제나 밀라 주택이 더 입체적으로 보인다. 동북쪽을 향한 바트요 주택 정면은 아침에만 잠깐 햇빛이 옆으로 스칠 뿐 하루 종일 응달이기 때문이다. 늘 그림자가 진 바트요 주택의 곡면은 밀라 주택과 같은 다양한 계조를 드러내지 못한다.[86]

 반대로 길 건너에서 남서쪽을 바라보는 밀라 주택은 하루 종일 태양빛에 노출된다. 네모반듯한 주변 건물의 평편한 입면에 떨어지는 빛이 '밝음'과 '어두움', 단 두 가지 톤만 가진 것과 달리 밀라 주택의

– CASA MILÀ –

부드러운 곡면은 무수한 계조를, 또 시간의 흐름에 따라 짙어지고 옅어지는 농담의 변화를 드러내며 끊임없이 변화하는 인상을 지닌다. 건물은 움직이지 않지만 한시도 멈추지 않는 태양이 늘 다른 빛과 다른 그림자를 드리우기 때문이다. 지중해 태양빛[87]이 가우디 특유의 부드러운 입체를 쓰다듬는 가운데 어느새 돌 건축의 단단함은 누그러지고 미묘한 선들, 빛과 그림자가 만들어내는 리듬, 움푹한 것과 불거진 것 등의 대비가 드러내는 균형과 조화로 풍부해진다.[88]

돌에 살아있는 생명을 담다

돌 건축의 단단함을 누그러트린 부드러운 입면이 무엇을 표현하는가에 대한 답은 그가 살았던 시대에서 찾아야 한다. 다른 예술과 마찬가지로 건축도 시대의 감성을 담아내기 때문이다.

가우디가 학교에 다닐 당시 건축의 주류는 신고전주의, 절충주의였다. 고전 건축은 수직 수평의 엄격한 기하학, 수와 비례 등을 통해 영원히 변치 않을 추상 세계를 담으려 했다. 두툼한 돌기둥은 조형적으로도 안정감, 즉 쉽게 변하지 않을 듯한 감각을 담고 있었다. 플라톤은 "현상 세계에서 모든 것들은 낡고 사라지는 데 반해, 이데아Idea는 한결같은 모습으로 변치 않으며 현상 세계의 사물들이 궁극적으로 되고자 하는 것"이라 강변했다. 그의 말에 비추어 보면 그리스, 로마에 바탕을 둔 고전 건축은 이데아의 건축이다.

그러나 변치 않는 이데아의 건축에 격변하는 시대의 감각을 담을 수는 없는 노릇이다. 그렇다면 이 시대의 감각은 어떻게 표현할 수 있을까? 플라톤의 말대로 이데아가 변치 않는 것이라면 그 반대편에 있는 것들은 '낡고 사라지는 것들', 즉 태어나 자라고 번성하다가 이내 늙고 죽어 사그라질 존재들이다.

    카탈루냐 음악당을 위시한 많은 동시대 건축물이 꽃으로 장식됐다. 그것은 기하학적으로 해석되어 '영원한 생명을 얻게 된 꽃'이 아니라, 방금 꺾어온 듯 '찬란한 빛을 내뿜는 살아있는 꽃'이었다. 들에 핀 꽃을 꺾어 꽃병에 담을 때, 우리는 머지않아 그 꽃이 시들어 죽을 것을 알고 있다. 잠시 잠깐 살아있는 생명이지만 그 집에 있는 어떤 것보다 더 찬란한 생명의 빛을 내뿜는다. 이같이 살아 움직이는, 끊임없이 변화하는 존재를 통해 건축은 전혀 다른 종류의 감각을 담게 된다.

    사실 '찰나의 빛'을 담는 것은 이 시기 많은 예술가들의 공통된 관심사였다. 인상파 화가들은 시시각각 변화하는 순간의 인상을 재현하고자 애썼다. 화가 클로드 모네는 수련 연작 등을 통해 자연의 변화무쌍함을 담았다. 끊임없이 변화하는 자연은 이같은 속성을 담아내는 데 적합한 대상이자 주제였다. 미래파 화가들은 달리는 말이나 강아지에서 느껴지는 역동감을 화폭에 담았다. 시시각각 변화하는 인상이나 대상의 아주 짧은 순간을 포착하여 화폭에 담은 것이다. 이들은 고정된 2차원 캔버스에 이러한 주제들을 표현하기 위해 대상을 광학적으로 분해하여 점으로 그리거나, 두리뭉실한 붓질을 통해 일부러 경계를 흐리는 등 새로운 표현방식을 개발했다. 조형예술 분야의 이런 연구들은 가우디를 비롯한 많은 건축가에게 영향을 미쳤다. 밀라 주택 입면을 보면 각진 모서리가 거의 없다. 모서리 없는 입체는 두리뭉실한

–CASA MILÀ–

붓질로 경계를 흐린 그림과 비슷한 효과를 내지 않겠는가? 실제로 밀라 주택은 건물뿐 아니라, 1층 벽에 그려진 벽화 등에도 당대 조형예술의 새로운 표현기법이 활용되었다.

고전 건축이 수나 기하학 같이 영원히 변하지 않을 추상적인 개념을 담아내려 했다면 이제는 우리와 함께 이 땅에 살아 숨 쉬는 존재들, 그들이 가진 활기와 역동성을 담아내려는 전혀 다른 종류의 건축이 등장한 것이다. 가우디 건축은 다채색 타일과 화려한 장식, 용과 도마뱀 같은 기묘한 조각들로 채워졌다. 하지만 이는 돌이라는 육중하고 단단한 덩어리에 시대의 감성 즉, 살아있는 것들이 가진 활기와 역동성을 담아내기 위해 사용된 건축적 장식이다.

'돌에 살아있는 생명을 담는 일'에 대한 가우디의 고민은 여러 작품에서 발견된다. 제수스 마리아 학교 경당의 제단을 장식할 천사들의 모습을 고민하던 가우디는 실제 소녀들의 사진을 찍어 그 모습을 그대로 담았다. 또한 성가정 성당 동쪽 입면의 조각 중 상당수는 실제 사람의 얼굴에 석고로 본을 떠 제작했다.[89] 요컨대 그 형상은 한 성자의 삶과 내면으로부터 끌어낸 이상화된 이미지가 아니라 실제 존재하는 어떤 사람의 형상을 따온 것이다. 한계가 분명한 실험이었기에 가우디도 곧 다른 방법을 찾게 되었지만 어떻게든 살아있는 것들의 활기를 포착하고자 고민했던 흔적이 묻어나는 대목이다.[90]

《가우디 1928》의 저자 중 한 명인 라풀스는 가우디의 이런 작업을 "우리 곁에 실재하는 생명의 진실을 흠모하던 가우디는 영원한 아름다움의 흔적을 담고 있는 어떤 아름다움으로부터 비치는 찰나의 빛을 보았던 것"이라고 해설했다. 생명의 진실, 즉 진정 살아있는 생명을 담고자 했던 그는 비록 영원한 아름다움은 아니라 할지라도 불완전한 존재가 드러내는 찰나의 빛을 담으려 했던 것이다.

- CASA MILÀ -

변형된 철골 구조

돌로 지을 수 없는 집을 짓다

원형 파티오와 너울대는 입면. 가우디가 밀라 주택을 돌로 지을 수 없는 자유로운 형태로 그릴 수 있었던 까닭은 철골보를 이용한 가구식 구조를 창안했기 때문이다. 그는 이전에도 구엘 저택 아래 3층과 보티네스 주택 아래 2층 등에 돌기둥 위에 철골보를 올린 구조 방식을 사용했지만 이 구조를 건물 전체에 적용한 사례는 밀라 주택이 유일하다.

가우디는 돌로 건물을 짓던 마지막 시대의 건축가였다. 철근콘크리트가 개발되었지만 1900년대까지만 해도 카탈루냐에 지어진 철근콘크리트 구조물은 대부분 곡물창고 같은 농업시설물이었다.[91] 당시만 해도 이 기술은 하인의 오두막이나 창고를 짓는 데 사용되었지 가우디가 상대하는 유력한 의뢰인들에게 어울리는 건설 방식은 아니었다.[92] 그보다는 잘 다듬어진 돌이 훨씬 더 고급스런 건축 재료였다.

인장력에 약한 돌의 특성은 곧 돌로 지은 건물의 특성으로 이어진다. 인장력, 즉 당기는 힘은 인방이라 불리는 창문 윗부분이나 보 같은 수평 부재가 아래로 처지면서 그 아랫단에 걸리는, 건축에서 흔히 발생하는 힘이다. 따라서 돌 건물은 벽과 벽사이나 기둥과 기둥사이 간격이 상대적으로 좁고, 입면 역시 하중을 지탱하는 구조체라 큰 창을 내기 어렵다. 또한 동전 탑을 쌓듯 돌 위에 돌을 올려 짓기 때문에 수직적으로도 변화를 주기 힘든 경직된 체계다.

《가우디와 건설 논리》의 저자 호세 루이스 곤잘레스는 가우디가 새로운 구조체계를 창안한 이유를 "독창적인 내부 공간을 빚어낼 곡면 벽을 만들면서 완전한 형태적 자유를 얻고자 한 것"으로 보았다. 그는 일반적인 내력벽 구조로 지어졌다면 가우디의 형태 의지가 크게 제약 받았을 것이라고 주장했다.[93]

사실 에이샴플라 주택은 굳이 새로운 구조체계를 요구하지 않았다. 내력벽 구조가 제공하는 5m 폭은 일반 주택에서 요구되는 공간을 만들기에 충분할 뿐 아니라 벽 자체가 무겁고 단단해 주택의 소음을 줄여주는 장점도 있었다. 실제로 평면을 보면 밀라 주택의 공간 구획은 다른 집에 비해 그리 넓지 않다. 단순히 넓은 공간을 만들기 위해 새로운 구조를 도입한 것이 아니었다.

하지만 에이샴플라의 변형으로 초래된 샴프라 문제를 해결하기 위해서는 돌 건축의 경직된 체계를 벗어나지 않을 수 없었다. 가장 필요한 곳에 빛과 공기를 제공하는 원형 파티오도, 시대의 감각을 담아낸 너울대는 입면도 경직된 내력벽 구조로는 지을 수 없었기 때문이다. 가우디가 제안한 구조는 돌기둥에 철골보를 올린 새로운 조합이었다. 오늘날 눈으로 직접 볼 수 없는 주택의 본 뼈대는 공사 당시 작성된 기사들을 통해서만 확인할 수 있다.

공사는 1906년 2월 2일 허가 도면 제출과 함께 시작되었다. 건축전문지 《일루스트라시오 카탈라나》와 《라 에디피카시온 모데르나》

- CASA MILÀ -

에는 감탄스런 어조의 기사와 함께 골조 작업이 한창인 현장 사진이 게재되었다. 뼈다귀만 앙상한 사진이었지만 새로운 구조체계는 모두를 놀라게 하기에 충분했다.[94]

　철재가 목재를 대체하는 양상은 19세기말 일반적인 흐름이었다. 다른 건축가들 역시 철골보를 사용했지만 그 역할은 상업 공간의 개방감이나, 공간 활용의 편의를 위해 사용되는 정도였다.[95] 다시 말해 나무 대신 철을 사용할 뿐 본질적으로 돌 건축이 지닌 체계의 경직성은 그대로였다. 이와 달리 가우디는 새로운 구조재의 역학적 성능을 최대한 활용하여 훨씬 개방적이고 자유로운 공간을 만들어냈다.

밝고 가볍고 투명한 빛과 공간이 침투하다

가우디가 만들어 쓴 돌기둥과 철골보 조합이 철근콘크리트 구조처럼 안정된 상태는 아니었지만, 모든 수직적인 힘을 정돈하여 정확한 지점에 전달할 수만 있다면 돌기둥으로 가구식 구조를 구현하는 것이 불가능한 일은 아니었다. 결국 새로운 구조의 핵심은 수직적인 힘을 정돈해줄 '일체화된 바닥판'을 만드는 데 있었다. [214쪽 참고]

　밀라 주택의 바닥판은 공장 생산된 철골을 현장에서 조립하여 만들어졌다. 각 층에 약 40-42톤의 철골을 이용하여 큰 보와 작은 보를 짜 넣었고, 특수 부재들은 바르셀로네타 모레일 조선소에서 제작, 공수했다. 너울대는 입면의 곡선도 선박 건조에 사용하는 프레스 기계를 이용하여 수학적 정밀함을 유지하도록 제작되었다.

　더욱 놀라운 사실은 이 부재들이 일체의 용접 작업 없이 조선소에서

미리 만들어온 결구 부재를 통해 현장에서 볼트와 너트, 리벳으로 조립되었다는 점이다.[96] 공장 생산된 부재를 조립하는 것은 하루가 다르게 오르는 수공 비용을 줄일 뿐 아니라, 들쭉날쭉한 현장 작업의 부정확함을 피할 수 있는 합리적인 건설 방식이다. 하지만 사전에 생산된 부재를 한 번에 조립하기 위해서는 대단히 치밀한 계획과 정교한 운용이 필수적이다. 정확한 주문이 선행되어야하기 때문에 건축가는 공사가 시작되기 전에 이미 사용될 모든 부재의 치수와 각도, 결구 방법까지 속속들이 알고 있어야 한다. 또한 설계 과정에서 형태나 배치가 조금만 달라져도 그 영향이 모든 부재에 미치기 때문에 이를 계획하는 건축가에게는 단순한 미학적 판단뿐 아니라 건물의 배치, 구조, 설비, 시공을 총 망라하는 종합적인 판단력이 요구된다. 밀라 주택은 설계를 총괄한 가우디의 건축 역량과 전문 지식의 뒷받침으로 탄생할 수 있었다.

　이 구조 방식은 가우디의 기술적인 태도 즉, 철골보의 구조적 가능성에 대한 확신에 바탕을 둔다. 유럽 기준에 못 미치는 허약한 벽체들을 불안 속에 조밀하게 배치하던 기존 관행을 벗어나, 과학적 계산에 맞춰 널찍하게 배치된 거대한 기둥들이 모든 하중을 감당하는 '자유로운 평면'을 이루었다.[97]

　근대 건축의 선구자 르 코르뷔지에가 '현대 건축의 5가지 요점'[98] 중 하나로 주창한 '자유로운 평면'은 바닥과 기둥이 모든 하중을 감당하고, 무거운 짐으로부터 해방된 내부 벽은 필요에 따라 자유롭게 구성되는 개념이다. 밀라 부부가 살던 집의 벽을 모두 헐어 사무실로 개조한 것이나, 임대 주택 각 층이 서로 다른 평면으로 구성된 것이 바로

－CASA MILÀ－

자유로운 평면의 증거라고 할 수 있다.

건축가 가브리엘 보렐이 밀라 주택 골조를 보고 건축전문지 《라 에디피카시온 모데르나》에 기고한 글에는 이미 '자유로운 평면'과 '도미노 체계 le système Dom-Ino'에 대한 생각이 담겨 있다. 그는 "역학에 관한 깊은 이해와 힘의 균형에 관한 세심한 연구가 가우디로 하여금 [내력벽이라는] 덩어리를 제거하고 기둥을 사용하며, 걸리적거리는 지지체들을 제거하고 공간을 확장할 수 있도록 허락했다. 이로써 상부의 구조물 전체가 적은 수의 지지체 위에 놓였고, 필요에 따라 단순 가벽만으로 시설의 배치를 바꿀 수 있게 되었다."고 소개했다. 새로운 구조 방식에 칭찬을 아끼지 않던 그는 뼈대만 보고도 장차 이곳에 '밝고, 가볍고, 투명한 빛과 공간이 침투하게 될 것'이라 내다보았다.

실은 보렐이 아닌 누구라도 너울대는 화려한 옷을 입기 전 이 주택의 벗은 몸을 보았다면 구조 방식의 합리성과 독창성에 놀라지 않을 수 없을 것이다. 사람들은 밀라 주택의 화려한 겉모습에 환호하지만 근본적인 변화는 안에서부터 시작되었다. 밀라 주택을 돋보이게 하는 역동적인 형태나 밝고 부드러운 내부 공간은 본래 돌로 지을 수 없는 것이었다.

이성과
감성으로 빚은
건축

밀라 주택은 돌기둥과 철골보를 조합한 기술적인 구조체계를 취했고, 시공에서도 공장 생산된 부재들을 현장 조립하는 경제성을 갖추었으며, 바르셀로나에서 가장 먼저 설치된 지하 주차장과 전기 엘리베이터, 라디에이터 난방기 등 최신 설비의 편의성을 갖추었을 뿐 아니라, 장차 이루어질 유지보수 작업을 내다보고 가스관과 전기선 정비를 위한 지하 공동구까지 갖춘 최신식 건물이었다.[99] 이는 단순히 최신 기술을 활용한 것을 넘어 설계, 시공, 사용 과정 자체에 대량 생산 시대의 사고와 경영 개념이 녹아든 '진정 새로운 시대의 건축물'이었다.

가우디는 젊은 시절부터 "오늘날의 건설 방식은 수공 비용을 줄이는 방향으로 가야 한다."는 사실을 주지했고 이를 자신의 건축 노트에 분명한 어조로 기록했다.[100] 레이알 광장 가로등을 만들고 바르셀로나 시장에게 보낸 설계 설명서에서도 그는 오늘날은 대량 생산을 통해 원가를 낮추어야 하는 시대라고 강변했다.[101]

이러한 사실들은 가우디가 우리 생각보다 무척 합리적인 사람임을 드러낸다. 그럼에도 이런 모습이 낯선 것은 지금까지 우리가 그를 다른 방식으로 소비했기 때문이다. 바세고다 교수의 저서 《엘 그란 가우디 El gran Gaudí》에 소개된 밀라 주택 건설 과정의 일화들은 가우디의 합리적 면모를 보여주기 충분하다.[102]

하지만 이 때문에 가우디를 발명가나 과학자로 바라보는 관점은 경계해야 한다. 앞서 밀라 주택을 설명하기 위해 했던 모든 분석이 하나의 건축 작품을 탄생시키는 것은 아니기 때문이다. 그는 건축이 단편적으로 존재하는 여러 요소의 조합이 아니라 하나의 종합을 통해

이루어진다고 주장했다. 실제로 가우디는 "지혜는 과학을 앞선다. 지혜는
종합이고 과학은 분석이다. 이미 분석된 것을 종합하는 일은 어떤 분석의
종합일 뿐, 총체의 종합은 아니므로 온전한 완성이라 할 수 없으며,
지혜에 이르지 못한다. …… 지혜는 종합이며, 종합은 곧 생명이다. 그와
달리 과학은 분석이며 분석은 곧 죽음이다. 해부는 항상 죽은 것에
이루어지기 마련이다."[103]라고 말하며 종합과 분석에 대한 자신의 태도를
분명히 했다. 그는 건축가를 "종합하는 사람 hombre sintético 즉, 사물이
만들어지기 전에 그 조합을 볼 수 있는 사람"이라 설명하며, 건축가의
'볼 수 있는' 능력과 '조형성'에 방점을 두었다. 요컨대 그에게 건축은
살기 위한 기계라거나, 여러 가지 문제를 분석하여 이를 해결하기 위해
만든 장치이기 이전에 오늘날 주택이 마땅히 갖추어야할 합리성과
경제성, 시대의 감각 등의 바탕 위에 여러 요소들이 조형적으로 진정한
종합을 이룬 하나의 작품이어야 했다.

    밀라 주택은 이성과 감성으로 빚은 건축이다. 이 건물의 평면과 단면,
구조체계가 과학적 실험과 합리적 판단기준을 통해 도출된 이성적
결과물이라면, 너울거리는 입면과 살아 움직이는 듯한 구조물의 활기와
역동성은 새 시대의 감각을 유감없이 드러내는 감성적 결과물이다.
중요한 것은 밀라 주택이 이 두 결과물을 '하나의 법'으로 녹여냈다는
점이다. 그의 건축이 자연과 만나는 부분이 바로 이 지점이다.

    가우디는 "회화는 색 color을, 조각은 형 forma을 통해 (인물, 나무, 과일
같은) 살아있는 유기체를 표현한다. 이는 겉을 매개로 그들의 속을
드러내는 작업이다. 반면 건축은 그 유기체를 창조한다. 그렇기에 무릇

건축은 자연의 법과 조화를 이룬 하나의 법을 가져야만 한다. 그 법에 자신을 얽어매지 않은 건축가는 예술 작품이 아니라 우스꽝스러운 것을 만들 뿐이다."고 말했고, 함께 일하며 누구보다 가까이서 그를 지켜본 건축가 프란세스크 폴게라 역시 "아마도 그가 모범으로 삼은 것은 명백한 복잡성 가운데서도 하나의 조직된 생명을 드러내는 자연 생명체일 것이다. 피부는 근육을 덮고, 근육은 뼈를 감싼다. 이로 인해 뼈들이 이룬 지렛대 메커니즘이 지닌 도식적인 단순성은 부드러운 윤곽으로 이루어진 형태들, 어느 정도 부정형적인 선과 색이 빚어낸 풍부함 아래 감춰진다. 가우디는 자기 작품의 지지체들이 단순하고 엄격한 기하학을 드러내길 원치 않았다."라며 그가 자연을 이성과 감성이 종합을 이루는 과정의 모범으로 삼았음을 지적했다.[104]

이성과 감성, 추상과 구상, 살아있는 것과 살아있지 않은 것 양쪽의 균형을 맞추려는 시각은 그의 건축 전체를 관통한다. 이런 건축관의 뿌리는 그의 학생시절 노트에서 찾을 수 있다. 그는 리시크라테스의 기념비와 코린티안 주두를 보며 "이렇듯 추상적인 질서가 지배하는 곳에서는 그와 대비되는 자연의 것으로 대비를 이룰 수밖에 없다."고 기술했다. 다른 이들은 이 기념비에서 고전 건축의 추상적 질서를 보았지만 그는 '자연의 것' 즉, 추상적 질서와 대비를 이룬 구상적인 조각들이 이루어낸 조화의 아름다움에 주목한 것이다. 그는 "조화harmonia가 곧 균형equilibri을 뜻하기에 이쪽이든 저쪽이든 한쪽에 치우친 것은 조화로울 리 없고, 당연히 아름다울 리 없다."고 판단했다.

이렇듯 조화와 균형에 큰 관심을 두었던 것은 그가 이성을 통해 세상을 파악하려 했던 계몽주의 사고에 기초한 교육을 받았지만, 동시에 이런 사고에 대한 반작용으로 일어난 새로운 예술 흐름 한가운데 있었기 때문이다. 가우디 건축은 이런 이중적 시대의 산물이다.[105]

우리가 주목해야 할 가우디 건축의 현재성이 여기에 있다. 근대와 탈근대를 벗어난 오늘날 우리가 이성과 감성의 새로운 균형을 찾으려 할 때 앞서 그 길을 걸었던 선배로서 우리와 가장 가까운 인물 중 한 명이 바로 가우디이기 때문이다.

사람들은 밀라 주택의 새로움에 주목했지만 가우디의 수호자를 자처한 시인이자 철학가 프란세스크 푸졸스는 이 주택에서 옛 건축의 불씨를 보았다고 자처한다. 그는 이 주택에서 "하나의 체계로 굳어버렸던 옛 건축이 자연스럽게 살아 움직이고 있는 것"을 발견했고 동시에 "생명의 바다 깊은 곳에서 예술적 개념을 취하며, 우리의 정신을 휘몰고 가슴에 미학적 감정의 불을 붙이는" 오늘날 건축이 마땅히 가져야 할 숨결을 가졌다고 주장했다. 요컨대 그는 이 작품에서 '옛 건축의 불씨'와 '오늘날의 숨결'을 동시에 느꼈던 것이다. 누구보다 가우디를 깊이 이해했던 동시대인 푸졸스의 시선으로 밀라 주택에 관한 글을 마치고자 한다.

"[그리스의 유산을 충실하게 따르는 무리들] 그들은 세월이 흘러도 우리가 다른 것을 찾지 않을 그런 영감으로 이루어진 영원한 형식의 완벽성을 믿었다. …… [하지만] 본래 그렇듯 모든 것을 두루 갖추기란 대단히 어렵다. 이 세상에서 하나를 얻기 위해 반드시 다른 무언가를

— CASA MILÀ —

잃어야 한다면, 가우디는 형식적 완벽함과 조화를 잃은 대신 생기와 찬란함을 얻었다고 할 수 있다. 우리가 공정하고 또 공정해야 한다면, 우리는 오늘날 잃어버린 채 찾아 헤매던 그 원리들 los principios 로 돌아가기 위해 과거를 답습하는 것 외에 도대체 무엇을 했는지 먼저 자문해야 한다. 가우디는 자신의 전부를 걸고 그라시아 대로에서 오늘날의 모든 진보를 통해 시원의 건축 la arquitectura primitiva 을 회복하는 은혜라고 부를 만한 어떤 것을 성취했다. 이 일은 모든 카탈루냐 사람들의 축하를 받기에 충분하다. 가우디는 고대 예술의 남은 불씨를 되살리기 위해 본토에서 이루어진 노력을 증명하는 살아있는 본보기라 할 수 있다."[106]

1   Joan Busquets, 《Barcelona: la construcción urbanística de una ciudad compacta》, Ediciones del Serbal, 2006, p.107.

2   앞의 책, p.110.

3   앞의 책, p.104.

4   "19세기 중반까지 장거리를 운행하는 육로 운송수단은 역마차뿐이었다. …… 마드리드-바르셀로나 구간[오늘날 고속도로 기준으로 624km]은 69시간이 걸렸고, 바르셀로나-페르피냥 구간 [오늘날 고속도로 기준으로 194km]은 48시간이 걸렸다. …… 19세기말 철도가 일반화되자 바르셀로나-비크 구간 [오늘날 고속도로 기준으로 72km]을 3시간 안에 이동할 수 있게 되었다." Pere Gabriel, "En temps de burgesos, professionals i obrers. La difícil i contradictòria construcció d'una Catalunya urbana i europea, 1875-1910", 《Gaudí i Verdaguer》, MHCB, 2002, p.202.

5   Lluís Permanyer, 《Biografia del Passeig de Gràcia》, Edicions la campana, 1994. p.83.

6   Pere Gabriel, 앞의 책, p.202.

7   Joan Busquets, 앞의 책, p.122. 책에 소개된 수치를 그대로 인용했다. 스페인 통계청 정보에 따르면 바르셀로나 인구는 1842년 121,815명, 1877년 243,315명, 1887년 268,223명, 1910년 581,823명, 1920년 705,901명, 1930년 958,723명, 1940년 1,077,671명으로, 100년 만에 8.8배 급증했다. 당시의 인구 밀도는 현재 수치(25.150명/㎢)의 3배를 뛰어넘는다. [참조: 스페인 통계청 http://www.ine.es/]

8   피 성당(Basílica de Santa Maria del Pi)과 산타 마리아 델 마르 성당(Basílica of Santa Maria del Mar)은 800m나 떨어져 있다. Manuel de Sola-Morales, 《Diez Lecciones Sobre Barcelona》, C.O.A.C., 2008, p.45.

9   Manuel de Sola-Morales, 앞의 책, p.47.

10   페라 펠립 몬라우 이 로카(Pere Felip Monlau i Roca, 1808-1871)의 제목은 상징성이 있다. 수상이 이루어진 '9월 11일'은 스페인 왕위계승 전쟁(1713년 7월 25일-1714년 9월 11일)이 마무리 된 날로서, 스페인 중앙정부 편에 선 베릭 공작의 공격으로 바르셀로나 성벽이 실제로 무너져 도시가 함락된 날이기 때문이다. 카탈루냐에서는 지금도 이 날의 희생을 국경일로 기념한다. 9월 11일 이루어진 "성벽을 허물어라!(Abajo las murallas!)"의 수상은 중앙정부를 향한 일종의 시위인 셈이다.

11   노동자들의 삶은 비참했다. 타지에서 이주한 이들은 대부분 무직 상태였고 직업이 있는 경우에도 고용이 불안정한 상태였다. 그들이 모여 살던 구도심의 거주 밀도는 세비야의 2배, 런던의 3배에 달했다. 건축가 페라 가르시아 이 파리아(Pere Garcia Fària)가 1888년 바르셀로나에서 열린 국제의료과학회에서 발표한 "바르셀로나 주거 상황에 관한 보고"에 따르면 구도심 주택 한 채에 29명이 함께 거주할 정도였으니, 거주환경이 얼마나 열악했을지 충분히 짐작이 된다. Pere Gabriel, 앞의 책, p.207.

12   C.C.C.B.(Centre de Cultura Contemporània de Barcelona : 바르셀로나 현대문화센터 편저), 《Cerdà i la Barcelona del future. Realitat versus projecte》, Diputació de Barcelona, 2009, p.184.

13 1827년부터 1837년까지 바르셀로나에 거주하는 부유한 계층의 평균 수명(38.3세)과 가난한 계층의 평균 수명(19.7세)은 두 배나 차이가 났다. 특히 차이가 큰 부분은 유아사망률 이었다. 페라 가르시아 이 파리아에 따르면 공장 노동자 계층의 유아사망률은 수공업에 종사하는 장인 계층에 비해 9배나 높았다고 한다. Pere Gabriel, 앞의 책, p.208.
사망률은 1880년까지 늘 1000명당 30명 선을 유지했고, 심각한 해에는 40명을 넘기기도 했다. 이 수치는 1880년을 기점으로 서서히 떨어져서 1900년 26.65명을 기록했지만 1930년까지는 15명을 웃돌았다. 이로 인해 바르셀로나는 타 지역을 압도하는 발전에도 불구하고 '죽음의 도시'라는 오명을 피할 수 없었다. 스페인 통계청에 공시된 2015년 공식 사망률은 9.06명이다. Joan Busquets, 앞의 책, 2006, p.130.

아르크 다 산 프란세스크 길, 1908 ⓒ J. Pons i Escrigas

14 그 외에도 1891년 건축가 페라 가르시아 파리아의 지휘 아래 구도심의 하수도, 위생체계 개선사업이 시작되는 등 전염병으로 시작된 도시 위생 문제는 굵직한 도시 변화들을 이끌어냈다.

15 세르다 계획안은 대략 현재 바르셀로나 에이샴플라 구(區)의 영역을 다루고 있다. 바르셀로나 행정구역은 1984년 1월 현재와 같은 10개 구(districtes)와 73개 동(barris)을 이루었다. '에이샴플라'는 구도심(Ciutat Vella)에 이어 두 번째로 만들어진 구로 면적(7.46㎢)은 10개 구 가운데 6번째이지만, 2016년 기준으로 거주하는 인구(264,305명)와 인구밀도(35,330.43명/㎢)는 가장 높다.

16 20m의 도로 폭과 관련하여 세르다는 1863년 건축전문지《공공사업(Revista de Obras Públicas)》에서 "찻길은 적어도 4대가 다닐만한 폭을 가져야 한다."고 했고, 또 "어떤 경우에도 사람이 다니는 길은 수레나 마찻길보다 좁아서는 안 된다."는 견해를 밝혔다. 에이샴플라 도로는 그의 주장대로 마차 4대가 동시에 지날 수 있는 10m 폭의 차도와 양편에 위치한 5m 폭의 보도로 구성되었다. Grupo 2C,《La Barcelona de Cerdá》, Flor del viento, 2009. p.21.

17 '길 사이 공간'이라는 용어는 세르다가 정립한 '인테르(inter)-비아스(vías)' 개념을 뜻 그대로 옮긴 것이다.

18 Grupo 2C, 앞의 책, p.40.

19 각 계획안은 상당한 차이를 보인다. 주거 형식만 보아도 1855년 계획안은 파티오를 둘러싼 단독 주택들로 이루어진 데 반해 1859년에는 옆집과 벽을 공유하는 합벽 주택블록을, 1863년 에는 산업시설과 주거가 혼합된 새로운 조합의 블록을 선보였다. Grupo 2C, 앞의 책, p.85.

20 Joan Busquets, 앞의 책, p.124.

21 Manuel de Sola-Morales, 앞의 책, p.45.

22 Grupo 2C, 앞의 책, p.105.

23 Grupo 2C, 앞의 책, p.17.

24 샴프라의 구조적 문제개선을 위해 모퉁이 뒤편을 비운 세르다의 블록 계획안

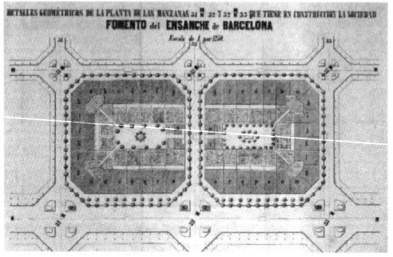

1863 ⓒ Ildefons Cerdà

25 언급된 마을은 라스 코르츠 다 사리아 (Les Corts de Sarrià), 산타 마리아 다 산츠 (Santa Maria de Sants), 그라시아(Gràcia), 산 안드레우 델 파루마르(Sant Andreu del Palomar), 산 제르바시 다 카솔라스(Sant Gervasi de Cassoles), 산 마르티 다 푸루벤살스(Sant Martí de Provençals)이다.

26 Juan Bassegoda Nonell, 《El gran Gaudí》, AUSA, 1989, p.511.

27 '예수의 길'을 뜻하는 카미 다 제수스(Camí de Jesús)라는 이름은 이 길 한편에 있던 산타 마리아 다 제수스 수도원(el convent de Santa Maria de Jesús)에서 유래했다. 엘 마그나니모 (el Magnánimo)라 불리는 알폰소 5세의 후원으로 1427년 문을 연 이 프란시스코 수도원은 회랑과 성당, 묘지, 텃밭과 작은 광장까지 갖춘 바르셀로나 성 밖의 유일한 주요 건물이었다. Lluís Permanyer, 앞의 책, p.11.

28 Lluís Permanyer, 앞의 책, p.32.

29 세르다의 1859년 계획안을 보면 그라시아 대로뿐 아니라 그곳에 있던 두 분수도 그대로 보전하고 있다. 카탈루냐 광장 건설을 주장한 이들은 그가 구도심과의 연결에 소홀했다고 비판했지만 세르다는 제수스 분수 주변을 비워 그곳을 중심 광장으로 만들고자 했다. 이 분수는 대로의 건설과 함께 자취를 감춘 제수스 수도원에 대한 기억이자, 그보다 더 오래되었을 카미 다 제수스 길에 대한 기억이다. 그런 점에서 그라시아 대로의 근원을 상기시키는 세르다의 계획안은 나름의 역사성을 지녔다고 할 수 있다.

30 Lluís Permanyer, 앞의 책, p.20.

31 프랑스어 '샹젤리제'에 해당하는 카탈루냐어 명칭이다.

32 Joan Busquets, 앞의 책, p.116.

33 1848년 1월 20일, 경찰은 그라시아 지역에서 체포되었다가 도망친 도둑 두 명을 사살하여 이 길에 시체를 하루 종일 전시했고, 1856년 7월 28일에는 사형을 언도 받은 그라시아 민병대 18명을 이곳에서 처형했다. Lluís Permanyer, 앞의 책, p.21.

캄스 엘리시스, 1854.

-CASA MILÀ-

34 그라시아 대로와 에이샴플라의 축이 완벽하게 일치하는 것은 아니다. 실제로 지도를 자세히 보면 그라시아 대로가 다른 길들에 비해 시계방향으로 약간 돌아가 있다. 세르다는 양옆 블록의 너비를 조절하여 자신이 원하는 정확한 축에 살짝 어긋난 그라시아 대로를 원형 그대로 보전했다. 세르다는 그라시아 대로와 람블라 다 카탈루냐(Rambla de Catalunya), 두 길이 갖는 역사성을 고려해 길을 원형 그대로 살리기 위해 두 길 사이의 블록을 일반적인 크기보다 넓게 만들었다. 세 개의 블록이 들어갈 만한 너비였지만 넓은 블록 두 개를 배치하여 기울어진 그라시아 대로의 오차 폭을 보상하고자 했다.

35 Lluís Permanyer, 앞의 책, p.33.

36 에이샴플라 첫 주택은 1861년 그라시아 대로 초입에 지어졌다. 1860년 9월 21일 바르셀로나를 찾은 이사벨 2세는 10월 4일 드디어 에이샴플라의 시작을 기념하는 첫 돌을 놓았고, 첫 주택은 1861년 1월 착공을 시작했다. 역사적인 첫 주택의 주인은 리세우 극장의 회장 마누엘 지베르트 이 산스였다. 지금의 카탈루냐 광장 자리에 있던 지베르트 주택은 광장 건설과 함께 철거되었다.

37 유이스 두메넥의 에오 무레라 주택, 화려하게 장식된 트리부나의 모습

1911 ⓒBaldomer Gili i Roig

38 조안 구엘과 안토니오 로페스처럼 아메리카에서 큰돈을 벌고 돌아온 스페인 이주민을 인디아노라고 한다. 19세기 바다에 접한 갈리시아, 아스투리아, 칸타브리아, 바스크, 카탈루냐, 카나리아 등지에는 자신을 짓눌러온 가난을 피해 브라질, 쿠바, 아르헨티나, 우루과이, 칠레, 베네수엘라, 멕시코 등으로 떠난 젊은이들이 있었다. 그중 성공한 이들은 본국에 돌아와서 자신의 재력을 바탕으로 새로운 지위를 얻었다. 지역사회 기반이 취약한 이들은 학교나 교회, 관청을 후원하거나, 도로와 병원, 관개시설 등의 정비를 돕고 자선 기관과 문화기관을 지원하면서 지역 유력인사로 발돋움 했다. 그리고 얼마 지나지 않아 그들은 공통 관심사였던 무역과 제조업을 중심으로 뭉친 하나의 세력으로 등장한다.

39 비센스 주택은 세라믹 공장을 소유한 마누엘 비센스(Manuel Vicens i Montaner)의 여름 별장, 구엘 저택은 직물 공장을 소유한 에우세비 구엘의 저택이다. 칼벳 주택은 직물을 만드는 페라 마르티르 칼벳(Pere Màrtir Calvet)의 미망인에게 의뢰 받았고, 바트요 주택의 소유자 주셉 바트요(Josep Batlló i Casanovas) 역시 거대한 직물 공장을 소유한 산업자본가였다.

40 레나이셴사(Renaixença)는 14-16세기 유럽 문예부흥을 뜻하는 프랑스어 르네상스(Renaissance)와 같은 단어지만 부흥의 대상은 전혀 다르다. 르네상스가 고전을 향한다면 레나이셴사는 카탈루냐의 전성기였던 중세를 향한다. 레나이셴사는 기본적으로 카탈루냐와 고딕, 기독교 문화에 바탕을 두고 있다.

41 1859년 5월 첫 번째 일요일, 오랫동안 열리지 않았던 카탈루냐 시문학 경연대회 족스 플로랄스(Jocs Florals)가 재개되고 카탈루냐 말과 글을 회복하기 위한 움직임이 시작되었다. 1880년 족스 플로랄스 세 주제를 모두 석권하고, 이후 "카탈란 시의 황태자"라는 별명까지 얻은 자신트 베르다게(Jacint, Verdaguer i Santaló)는 《라 아틀란티다(La Atlántida)》,《카니고(Canigó)》 같은 카탈루냐어 시집을 출간했고, 극작가 앙헬 기메라(Àngel Guimerà i Jorge)는 카탈루냐어 연극을 연출했으며, 화가 유이스 리갈트(Lluís Rigalt i Farriols)는 카탈루냐의 풍경과 폐허를 그린 연작들을 발표했다. 지식인과 예술가들은 유람협회를 조직하여 지역 산야와 문화재를 돌아보며 뿌리 깊게 이어온 카탈루냐 민족 고유의 발자취를 찾아 예술로 기념했다.

42 Antoni Gaudí,《Manuscritos, articulos, conversaciones y dibujos》, C.O.A.A.T, 2002, p.102.

43 부르주아들의 일상을 그린 라몬 카사스의 회화는 부드러운 빛으로 가득 채워진 가벼운 느낌의 실내 공간을 그려냈다.

《Interior al aire libre》 ⓒRamón Casas y Carbó

44 1888년과 1929년 두 차례에 걸쳐 열린 만국박람회는 약동하는 카탈루냐 산업과 문화 역량을 선보일 좋은 기회였다. 1888년 4월 8일부터 12월 9일까지 열린 첫 박람회는 22개국이 참가하고 224만 명이 방문한 국제적인 규모의 행사였고, 스페인으로서도 처음 유치하는 만국박람회였다. 처음 열리는 박람회를 준비하며 도시 곳곳을 정비했을 뿐 아니라, 박람회장 자체가 명망 있는 건축가들의 경연장이 되었기 때문에 새로운 건축이 나래를 펼칠 계기가 되었다.

45 1888년 박람회가 열린 시우타데야 공원은 시민들에게 특별한 장소였다. 십여 년 전만해도 이곳은 중앙정부의 압제를 상징하던 군사 요새가 있던 곳이기 때문이다. 1700년 스페인 국왕 카를로스 2세가 후사 없이 사망하자 곧 왕위계승전쟁(1701-1714)이 벌어졌고, 전쟁은 1714년 9월 11일 끝까지 저항한 바르셀로나의 함락으로 마무리된다. 항복을 받아내긴 했지만 온전히 믿을 수 없었던 펠리페 5세는 바르셀로나 통치를 위해 도시 동편에 시우타데야 군사 요새를 건설한다. 외적 침입을 막겠다는 명분을 내세웠지만 도시를 좌우로 포위한 몬주익과 시우타데야 요새는 유사시 바르셀로나를 옴짝달싹 할 수 없게 쐬워놓은 올가미였다.
  요새를 건설하며 리베라 지역의 유적들이 흔적도 없이 사라졌고, 천여 채의 주택이 파괴되어 수천 명이 살 곳을 잃었으며, 이후 많은 정치범이 이곳에서 처형됐다. 이 요새는 1854년 바르셀로나 성벽이 무너질 때도 허물어지지 않고 남았다가, 이사벨 2세를 폐위하고 이후 공화정이 시작되는데 크게 기여한 1868년 혁명이 지난 1869년 12월 12일이 되어서야 성벽을 허물고 공원을 만들어도 좋다는 중앙정부의 허락을 받게 된다. 1872년 시작된 공원화 사업은 건축가 주셉 폰세레가 맡아 진행하다가, 1886년부터는

박람회 책임 건축가였던 엘리아스 루겐(Elies Rogent i Amat)이 지휘를 맡게 된다. 한 세기 반 동안 억압과 압제의 상징이었던 음울한 기억의 장소가 카탈루냐의 진보와 번영을 만방에 드러낼 희망찬 기대의 장소가 된 것이다.

46　두 건축가의 대표작은 다음과 같다.

유이스 두메넥 이 문타네(Lluís Domènech i Montaner, 1850-1923)

 문타네 이 시몬 출판사 사옥(Editorial Montaner i Simón) 현재 안토니 타피에스 재단(Fundació Antoni Tàpies, 1881-1886)
 인테르나시오날 호텔(Hotel Internacional, 1888)
 1888년 만국박람회장 식당(Restaurant de l'Exposició Universal de, 1888) 현재 바르셀로나 동물원 박물관(Museu de Zoologia),
 산파우 병원(Hospital de la Santa Creu i Sant Pau, 1902-1913)
 예오 무레라 주택(Casa Lleó Morera, 1905)
 카탈루냐 음악당(Palau de la Música Catalana, 1905-1908)
 푸스테 주택(Casa Fuster, 1908-1910)

주셉 푸츠 이 카다팔크(Josep Puig i Cadafalch, 1867-1956)

 아마티예 주택(La Casa Amatller, 1890-1900)
 마르티 주택(la Casa Martí, 1896)
 마카야 주택(La Casa Macaya, 1901)
 테르라데스 주택(La Casa Terrades o de "les Punxes", 1903-1905)
 바로 다 콰드라스 저택(Palau del Baró de Quadras, 1904-1906)
 쿠도르니우 양조장(Caves Codorniu, 1904)
 카사라모나 공장(Fàbrica Casaramona, 1911)

47　건축학교를 졸업한 1878년, 가우디는 자신의 건축노트에 "양식을 모방하는 것은 필연적으로 과도한 장식을 갖게 하며, 단순한 양식은 좋은 구조를 가진다. …… 구조를 갖지 못한 채 장식들로 뒤덮인 것은 언제나 더 채워지기를 바란다."고 기록했다. 안토니 가우디, 이병기 옮김, 《가우디노트 1: 장식》, 아키트윈스, 2015, p.81.

48　David Mackay, 《L'arquitectura moderna a Barcelona(1854-1939)》, Edicions 62, 1989.

49　Joan Busquets, 앞의 책, p.166.

50　에우헤니 돌스(Eugeni d'Ors)가 주창한 노우센티스마의 '노우센티'는 카탈루냐어로 구백이라는 뜻으로 1900년대 초반 30년간 카탈루냐에서 일어난 20세기 근대 미학운동을 지칭한다.

51　그는 레리다 솔소나 지역 하원의원 선거에서 1907년, 1910년, 1914년 세 차례 당선되었다. 공식적인 재임 기간은 1907년 4월 30일부터 1916년 3월 16일까지다. 의원 정보란에는 그의 직업은 변호사로 기록되어 있다. [참고: 스페인 의회 공식 홈페이지 http://www.congreso.es]

52　"페라 밀라를 개발업자나 사업가로 평하는 사람들도 있지만 사실 사업보다 훤칠한 외모를 자랑하며 집안 재산을 쓰는 데 더 열심이었다고 한다." 또 당시 사교계에서는 "페라 밀라가 구아르디올라(Guardiola)의 미망인과 결혼한 것인지, 미망인의 저금통(la guardiola)과 결혼한 것인지 모르겠다."는 농담이 유행했다고 한다. Josep Maria Huertas, 앞의 책, p.40.

53　그녀의 카스티야식 이름은 '로사리오 세히몬'이다. 그녀는 카탈루냐 태생이지만 유년기를 카탈루냐어를 사용하지 않는 지역에서 보내 늘 카스티야노(스페인어)로 이야기했다고 한다. Josep Maria Huertas, 앞의 책, p.41.

54　비슷한 시기 주셉 바트요는 그라시아 대로 43번지 건물을 510,000페세타에 구입했다. 단순 계산하면 루제 사기몬이 물려받은 유산은 바트요 주택 30채를 살 수 있는 막대한 금액이다.

55 Josep Maria Huertas, 앞의 책, p.40.

56 의뢰인 밀라의 아버지 페라 밀라 이 피(Pere Milà i Pi, 1838-1880)는 바르토메우 고도 이 피에(Bartomeu Godó i Pié, 1839-1894)와 함께 직물 회사 '고도 에르마노스(Godó Hermanos y Cía)'를 설립한 동업자다. 바르토메우의 딸 아말리아(Amalia Godó Belaunzaran)는 1884년 주셉 바트요 이 카사노바스(Josep Batlló i Casanovas)와 결혼했다. 말하자면 바트요 주택의 주인 주셉 바트요는 아버지 친구의 사위인 셈이다.

57 사기몬은 가우디와 같은 레우스 지역 출신이다. 주셉 마리아 우에르타는 "사정이 넉넉지 못한 가우디의 어머니가 남은 음식과 옷가지들을 얻기 위해 한 동네에 있던 사기몬의 집에 들르곤 했기 때문에 사기몬은 가우디 집안을 알고 있었다."고 기술했다. Josep Maria Huertas, 앞의 책, p.40.

58 밀라 주택은 형태가 복잡하다보니 책마다 기록된 입면 치수도 조금씩 다르다. 본 치수는 카탈루냐-라페드레라 재단에서 제공한 도면에 기재된 수치를 기준으로 했다.

59 1906년 바르셀로나 시에 제출한 지하층 평면에는 마구간과 마차보관소, 보일러실 등이 그려져 있다.

60 또 다른 문서에 'Pensión de Familia de G. Campaña'라고 기재된 이 펜션과 식당은 적어도 1916년부터 1918년까지 영업했던 것으로 보인다. 당시 식당의 모습은 카탈루냐-라페드레라 재단의 공식 홈페이지에서 확인할 수 있다. [라 페드레라 인에디타 http://pedrerainedita.lapedrera.com]

61 카탈루냐-라페드레라 재단의 공식 홈페이지에 공개된 Josep Maria Huertas의 "La herencia del indiano"에 묘사된 내용이다. 2015년 C.C.O.C.에서 출간한 안토니 가우디 전시 《바르셀로나를 꿈꾸다》 도록에 수록된 글은 이 글의 발췌본이다. [참고: 라페드레라 에두카시오 http://pedreraeducacio.lapedrera.com/cast/biografia.pdf]

62 밀라 부부는 처음부터 가우디와 어느 주택도 매매하지 않기로 합의했다. Josep Maria Huertas, 앞의 책, p.42.
스페인은 지상층(planta baixa)과 본층(planta principal)을 따로 구분하여 부르기 때문에 본문에서 말하는 1층(planta primera)은 일반적인 건축물의 3층에 해당한다.

63 카테너리 아치는 사슬을 뜻하는 라틴어 '카테나(catena)'에서 비롯된 것으로, '늘어트린 사슬의 곡선을 따라 만든 아치'를 말한다. 콤파스가 아닌 중력이 그린 장력 곡선을 따르기 때문에 역학적 성능이 무척 뛰어나다. 밀라 주택 다락에 사용된 카테너리 아치는 다음과 같은 방식으로 지어졌다. "먼저 석고를 얇게 펴 바른 넓은 벽면을 마련한 후에 조수 카날레타가 아치의 폭을 불러주면 시공자인 바요가 벽면 상단에 아치가 시작될 두 점을 못으로 고정한 다음, 바닥에 선을 늘어뜨린다. 이 선의 모양을 그대로 벽에 옮겨 그리면 목수 카사스가 이 윤곽에 맞춰 형틀을 짠다. 완성된 형틀 구조물을 정확한 위치로 옮겨 그 위에 벽돌을 세 줄 쌓아 아치를 만들고 남은 스팬드럴 부분은 벽돌을 수평으로 쌓아 마무리했다." Juan Bassegoda Nonell, 앞의 책, p.515.

— CASA MILÀ —

64 건설 중에 바르셀로나 시와 몇 차례 마찰을 겪었다. 1907년 12월 27일 주택의 기둥 하나가 그라시아 대로 쪽 인도를 살짝 침범했다는 신고가 접수되었다. 시공자 주셉 바요가 이 문제에 관해 묻자 가우디는 "그들이 원한다면 마치 치즈라도 되는 냥 그 기둥을 자른 다음, 자른 면에 광택을 내고 '시의 명령으로 잘렸음'이라는 문구를 새겨 전설로 남기겠다고 하게."라고 답했다. 1908년 1월 28일 이 일로 인해 공사 중지 명령이 내려왔으나 현장은 시의 명령을 완전히 무시했다. 결국 공식적인 공사 허가는 1909년 6월 24일에야 받게 되었는데 당시 건물은 이미 4층까지 올라간 상태였다.
한편, 1909년 9월 28일 시 검사관은 밀라 주택이 높이 규정을 어겼다고 지적했다. 같은 해 12월 13일 접수된 기술보고서에는 "주거 부분이 벌써 규정을 4.4m나 초과했는데 그 위에 3-5m 높이의 다락을 올렸고, 그 위로 또 높이 6m에 이르는 탑[계단실] 6개가 올라갔다."는 내용이 적혀 있었다. 시 당국은 규정을 4,000㎥나 넘겼으니 해당 부분을 즉시 허물거나, 양성화를 위한 벌금 100,000페세타를 내라고 고지했다. 하지만 밀라는 이번에도 시의 명령을 따르지 않았다. 결국 양보한 것은 바르셀로나 시였다. 시 위원회는 1909년 12월 28일 해당 건물의 기념비적 성격을 감안하여 조례를 엄격하게 적용하지 않겠노라 공표했다. Juan Bassegoda Nonell, 앞의 책, p.516.

65 가우디와 밀라 부부 사이의 갈등은 입면 공사 중에 붉어졌다. 입면 공사에 생각보다 많은 비용이 들자 가우디는 공사비 증액을 요청했는데 부부가 지급을 거부하여 결국 재판까지 가게 되었다. 가우디는 소송에 이긴 1916년이 되어서야 자신의 보수 105,000페세타를 받을 수 있었다. 또 다른 갈등은 조각상에서 발생했다. 주택의 입면 최상단에는 "은총이 가득하신 마리아님, 기뻐하소서!"로 시작하는 성모송의 첫 구절 'Ave Gratia M plena Dominus tecum'을 라틴어로 새겼는데 가우디는 애초에 마리아를 뜻하는 알파벳 'M'자 위에 동정녀를 기념하는 조각상을 놓을 생각이었다. 이 동정녀 조각상은 그라시아 대로의 기원인 '그라시아의 동정녀' 뿐 아니라, 주택의 안주인을 연상시키는 '로사리오의 동정녀'를 기념하는 것이었다. 루제 사기몬 부인의 스페인 이름이 '로사리오 세히몬'이기 때문이다. 실제로 가우디는 "이 작품[밀라 주택]을 로사리오 동정녀를 위한 기념비로 생각했다. 바르셀로나에는 기념비가 부족하기 때문이다. 막대한 비용이 드는 일이라 건축비를 아껴야 한다고 판단했다."고 말한 바 있다. Joan Bergós i Massó, 《Gaudí. El hombre y la obra》, Editorial Ariel, 1954.

66 페라 밀라는 1940년 사망했다. 사기몬 부인은 1946년 죽을 때까지 자기 집에 살 수 있는 조건으로 주택을 주셉 바일베Josep Ballvé i Pellisé에게 넘겼다. 페드레라의 새 주인은 부동산 회사를 세워 건물을 관리했고, 루제 사기몬은 월세 4,000페세타를 지불했다. 이후 부동산 회사는 더 많은 이윤을 남기기 위해 몇 가지 구조를 변경했다. 프로벤사 길 쪽 1층에 있던 두 집은 다섯 집으로 나뉘었고, 1953년에는 건축가 프란시스코 후안 바르바 코르시니에게 의뢰하여 세탁실로 쓰이던 다락 전체를 13채의 복층 주거 공간으로 탈바꿈시켰다. 밀라 주택은 두 차례 복원(1971-1975, 1987-1996) 되었는데, 그 과정 중에 가우디 상설전시장이 설치되면서 다락 주거공간은 모두 철거됐다.

67 1911년 8월 5일부터 1919년 말까지 밀라 주택 2층 1호에 살았던 사람은 알베르토 가체였다. 1902부터 1927년까지 스페인 주재 아르헨티나 총영사로 근무했던 그는 지역의 지식인, 정치인들과 가까웠고, 사회적으로도 잘 알려진 인물이었다. 그는 자신의 책 《코라손네스 이 셀레브로스》에서 자신이 "바르셀로나에서 가장 주목 받는 이상한 집"에 살았다고 기록했다. 그리고 "거대한 창문과 불룩 튀어나와 당황스러운 발코니들, 특히 육중하고 뒤틀려 마치 넘어질 것 같은 기둥으로 세워진 저 외눈박이 거인의 집이 [⋯⋯] 모든 속된 것들이 그러하듯 나를 유혹하고 끌어당겼다."고 고백했다. Alberto I. Gache, 《Corazones y Cerebros》, Editorial Juan de Gassó, Barcelona, 1924, p.247. [공식 홈페이지 참조 http://pedrerainedita.lapedrera.com]

3층 1호에는 파코 아바달이, 그 옆집에는 그의 처가 식구들이 살았다. 파코라는 이름으로 더 잘 알려진 프란세스크 세라마레라 이 아바달 (Francesc Serramalera i Abadal, 1875-1939)은 이름난 자전거와 자동차 경주 선수였고, 이후 자동차 수리점과 바르셀로나 최초의 운전학원을 운영했다. 그는 단순한 기계공이 아니라 자동차 문화라는 최신 유행을 이끄는 사람이었다. 이를 증명하는 것이 모데르니스마 회화를 대표하는 화가 라몬 카사스가 그린 아바달의 회사 《아우토 가라헤 셀트랄(Auto-Garage Central)》 포스터다. 포스터 속 주인공은 운전기사 없이 스스로 자가용을 운전하는 우아한 귀부인이다. 그림 아래편에는 "전기로 작동하는 최신 기계 공장"이라고 쓰여 있다.

밀라 주택에는 이집트 왕자도 살았던 것으로 확인된다. 1918년 10월 28일자 《라 반구아르디아》 신문에는 "이집트 술탄의 조카이자, 이스마일 파샤 총독의 손자인 이브라힘 하산 왕자가 그라시아 대로 92번지 집에서 사망했다"는 기사가 실렸다. 유럽 최고의 학교에서 교육받은 그는 비엔나, 파리, 런던에서 거주했고, 바르셀로나로 오기 전에는 카이로 전차 회사를 운영했다. 그는 이집트 및 영국의 지리학회에서 활동하는 지식인이었고, 동시에 외교관이자 사업가였다. 바르셀로나에 거주할 당시 그는 카사 고미스 라바사다 전차회사를 운영했다. 이 사실은 1911년 10월 1일자 《라 반구아르디아》 기사로도 확인된 이 내용은 '라 페드레라 인에디타' 홈페이지에 아나 부티(Anna Butí)가 게재한 내용을 참조했다.

68 사실 이 소문은 어디에서 나온 것인지 집히는 곳이 있다. 가우디가 조안 베르고스와 다음과 같은 이야기를 나눈 기록이 있기 때문이다. "처음에는 거대한 안뜰을 타고 도는 두 겹의 경사로를 만들어 차를 타고 집으로 들어가는 것을 생각했다. (경사는 10%를 넘지 않아야 했다) 이 생각은 엄청난 경사로, 다시 말해 (주택 면적의 두 배나 되는) 거대한 공간과 큰 로비, 상당한 층고를 필요로 했다. 이를 통해 한 층에 여러 방들이 넓게 펼쳐진 품격 있는 공간을 만들 수도 있었을 것이다. (⋯⋯) 하지만 제아무리 큰 집이라 해도 이 생각을 펼치기엔 부족하다. 성전을 지을 때와 달리 주택을 지을 때는 언제나 해결책을 절제하고 제한하게 된다." 하지만 이 경사로는 1906년 제출된 밀라 주택 초안에서도 발견되지 않는다. 말 그대로 한번 생각해보았다는 것이지 이 면적에 경사로를 넣는다는 것은 상식적으로 불가능하다.

Joan Bergós, 《Conversaciones de Gaudí con Joan Bergós》, Hogar y Arquitectura, 1974.
택시 기사의 일화는 Juan Bassegoda Nonell, 앞의 책, p.522.에 소개되었다.

69 Juan José Lahuerta, "El costillar de La Pedrera", 《Residencia》, num. 8, 1999.

브루넷의 풍자화, 1910 ⓒBru-net

70 Juan Bassegoda Nonell, 앞의 책, p.520.

71 Grupo 2C, 앞의 책, pp.88-89.

72 합벽 주택의 환기통로

2017 ⓒ황효철

73 지상층의 길이가 더 깊기 때문에 상점 바로 위층인 주인집 뒤쪽으로 테라스가 생긴다.

74 블록 내부의 파티오

2017 ⓒ황효철

75 Joan Bergós, 《Gaudí l'home i l'obra》, Editorial Ariel, 1954. p.117.

76 Antoni Gaudí, 앞의 책, p.88.

77 합벽 주택의 환기통로

2017 ⓒ황효철

78 가우디를 곁에서 도운 건축가 유이스 부넷은 '하나의 면'을 통해 입체를 이루어가는 그의 조형원리가 '평편한 금속판을 두드려 입체를 만드는' 대장일과 유사하다고 기술했다. 주셉 프란세스크 라폴스.프란세스크 폴게라, 이병기 옮김, 《가우디 1928》, 아키트윈스, 2015, 31쪽.

79 돌로는 지을 수 없는 '너울대는 입면'은 다음 방식으로 건설되었다. "입면을 구성하는 돌들은 자기 무게를 버티고 스스로 설 수 있도록 고안되었고, 입면 뒤로 숨겨진 28cm에서 30cm에 이르는 철골 구조물을 통해 본 구조체와 연결되었다. 둘 사이 틈은 석회 모르타르로 채워졌다. 입면의 돌이 모두 제자리에 놓인 후 가우디는 현장에서 석공들을 직접 지시하여 입면을 다시 깎아냈고, 이 과정에서 몇몇 곳은 돌에 구멍이 나거나 뒤편의 철골 구조물이 드러나 다른 돌 조각으로 다시 덮어야 했다." 이후 시간이 지나면서 석회 모르타르가 철을 부식시켜 몇 부분이 떨어지는 하자가 발생했고, 1970년대 건축가 호세 코마스 데 멘도자의 지시로 이 부분을 포틀랜드 시멘트로 다시 씌웠다. Juan Bassegoda Nonell, 앞의 책, p.515.

80 Rodríguez, Alberto; Sosa, Lionel, 《Casa Milà: La Pedrera. Una escultura arquitectónica》, Dos de Arte Ediciones, 2008, p.51.

81 안토니 가우디, 이병기 옮김, 《가우디노트 1: 장식》, 아키트윈스, 2015, 25쪽.

82 "나는 이 작품을 로사리오 동정녀를 위한 모뉴먼트로 생각했다. 바르셀로나에는 모뉴먼트가 부족하기 때문이다. 막대한 비용이 드는 일이라 건축비를 아껴야 한다고 판단했고, 밀라 주택은 각 부재들이 버티는 힘이 이루는 상호작용을 이용해 경제적으로 지어졌다." Joan Bergós i Massó, 앞의 책.

83 'Ruled surface'(영어). 직선으로 만들어진 곡면이라는 뜻에서 '선직면(線織面)'이라고도 부른다. 표준국어대사전은 다음과 같이 정의한다. "《수학》 공간에서 매개 변수의 변동(變動)에 따라 직선의 위치가 연속적으로 변할 때에 만들어지는 곡면. 기둥면, 뿔면 따위가 있다."

84 Joan Bergós i Massó, 앞의 책.

85 장식에 관한 가우디의 생각은 본 시리즈의 전편인 《가우디노트 1: 장식》에 자세히 소개되어 있다.

86 또 늘 역광상태이기 때문에 주변 풍광과 어우러진 바트요 주택의 사진을 찍기란 여간 어려운 게 아니다. 반면 바트요 주택 거실에서 찍은 도시의 파노라마 사진은 늘 멋지게 나온다. 영화관에 앉은 듯 해를 등지고 밝은 도시를 바라보기 때문이다.

87 "지중해의 미덕은 중간 지점이라는 데 있다. 지중해는 땅 가운데 있는 바다를 뜻한다. 지중해 연안에서 햇빛은 보통 45도 각도로 내리쬔다. 이 빛은 입체를 가장 명확하게 정의하고, 그 형태를 드러낸다. 빛이 부족하거나 넘치면 눈이 흐려지고, 눈이 흐려지면 제대로 보지 못한다. 지중해에서 위대한 예술 문화가 꽃피운 것은 부족하지도 지나치지도 않는 균형 잡힌 빛 덕분이다. 지중해는 진정한 예술이 펼쳐질, 사물을 보는 구체적 시각을 부여한다. 우리의 조형 능력은 '감정'과 '환히 보지 못해 유령을 만들어내는 것' 사이의 균형에 있다. 지나치게 환한 남쪽에서는 이성에 주의를 기울이지 않는 괴물을 만들어낸다. 어두운 뿐만 아니라 눈부신 것 역시 사람들이 정확히 보지 못하게 하며, 그의 영혼은 추상적인 것이 된다. 지중해 예술은 언제나 북유럽 예술보다 우월할 것이다. 북유럽은 예쁘장하지만 그다지 중요하지는 않은 것들을 만들며, 그 때문에 지중해에서 만든 것들을 구입한다. 반면 그들은 해석과 과학, 산업에 무척 뛰어난 재능을 갖고 있다." Joan Bergós i Massó, 앞의 책.

— CASA MILÀ —

88 '조화'에 대한 가우디의 언급을 밀라 주택에 비추어 풀어본 것이다. 그는 "조화 즉, 균형을 이루기 위해서는 빛과 그림자, 연속성, 움푹한 것과 불거진 것 등의 대비가 필요하다."라고 말한 바 있다. Joan Bergós, 《Conversaciones de Gaudí con Joan Bergós》, Hogar y Arquitectura, 1974.

89 주셉 프란세스크 라폴스.프란세스크 폴게라, 이병기 옮김, 《가우디 1928》, 아키트윈스, 2015, 160쪽.

90 이 같은 재현 방식에는 분명 비판을 받을 만한 구석이 있다. 그가 본을 떠 옮긴 것은 원죄 이후 타락한 불완전한 인간의 형상이기 때문이다. 아담은 태초에 하나님이 직접 지은 완벽한 인간이었다. 하지만 그 후 타락한 인간은 한쪽 눈이 크든 귀가 짝짝이든 누구나 어느 정도 결함을 갖고 있다. 어떤 이유에서건 성자와 예수의 몸이 흠을 가졌다는 점은 비판을 받기에 충분하다. 살아있는 사람의 본을 뜨는 것이 어렵다고 판단한 가우디는 심지어 죽은 사람의 본을 뜨기까지 했다. 《가우디 1928》의 저자 주셉 프란세스크 라폴스는 이를 두고 살아있는 생명을 담기 위해 '죽음의 누룩'으로 사용했다고 평하기도 했다.

91 Graus, R., Martín Nieva, H., Rosell, J., "El hormigón armado en Cataluña (1898-1929): cuatro empresas y su relación con la arquitectura", Informes de la Construcción, 69(546): e200, doi: http://dx.doi.org/10.3989/ic.16.004.

92 인류는 로마시대부터 콘크리트를 사용했지만 누르는 힘(압축력)에 강하고 당기는 힘(인장력)에 약하다는 점에서 콘크리트의 구조적 특성은 돌과 크게 다르지 않았다. 진정한 구조의 혁신은 철과 콘크리트를 조합하면서 탄생했다. 콘크리트와 한 몸을 이루어 당기는 힘을 보완하는 철은 콘크리트와 궁합이 좋았다. 1854년 윌리엄 윌킨슨(William B. Wilkinson)이 잉글랜드에 하인의 오두막을 지으면서 그 조합의 구조적 가능성을 처음 확인했지만, 이 기술이 스페인에 들어온 것은 프랑스나 독일에 비해 20년 이상 뒤처진 1890년대였다.

93 José Luis González Moreno-Navarro, Albert Casals Balagué, 《Gaudí y la razón constructiva》, ediciones akal, 2002, p.42.

94 밀라 주택은 1907년 12월 8일 발간된 《Ilustració Catalana》(num. 236)에 "현대 건축 (Arquitectura Moderna)"이라는 이름으로 소개되었고, 1908년 3월에는 바르셀로나 건축 시공자협회에서 발간하는 《La Edificacion Moderna》(num. 9)에도 소개되었다. 가우디가 소개된 《라 에디피카시온 모데르나》 9호의 일부는 라 페드레라 인에디타 홈페이지에 공개되어 있다. [참고: http://pedrerainedita.lapedrera.com/es/aportaciones/la-construccion-de-la-casa-mila]

《일루스트라시오 카탈라나》, 1907.

《라 에디피카시온 모데르나》, 1908.

95 Graus, R., Martín Nieva, H., Rosell, J. (2016). El hormigón armado en Cataluña (1898-1929): cuatro empresas y su relación con la arquitectura. Informes de la Construcción, 69(546): e200, doi: http://dx.doi.org/10.3989/ic.16.004.

96 Juan Bassegoda Nonell, 앞의 책, p.514.

97 에이샴플라 주택은 대부분 벽돌을 쌓아 만든 내력벽 구조의 건물이다. 건축에 사용된 카탈루냐 벽돌의 크기는 28cm×14cm×5cm다. 벽두께는 일반적으로 벽돌 0.5장(14cm)내지 1장(28cm)이었고, 현장에서 사용되는 최대 두께는 1.5장(43cm)이다. 선행 연구에 따르면 이웃과 공유하는 합벽과 환기 통로의 벽, 내부 벽은 층에 상관없이 거의 0.5장 두께였고, 앞뒤 입면의 경우에만 1장으로 지어졌는데 이는 프랑스와 이탈리아의 기준에 크게 못 미치는 치수였다.
하중을 감당하는 내력벽 사이 거리는 보통 4-5m였고, 바닥은 내력벽 상단에 보를 걸어 만들었는데 보의 재료로 1885년까지는 주로 나무가, 이후 1936년까지는 철골이 주로 사용되었다. 보와 보 사이는 '보베다 타비카다 (Bóveda tabicada)'라고 불리는 낮은 보울트로 채웠는데 이는 카탈루냐 전통 방식을 따라 라시야(rasilla)라고 불리는 1.5cm 두께의 얇은 판재 두 장에 서고 모르타르를 바르고 겹쳐 만들었다. José Luis González Moreno-Navarro, Albert Casals Balagué, 앞의 책, p.38.

98 르 코르뷔지에가 주창한 '현대 건축의 다섯 가지 요점(Les cinq points de l'architecture moderne)'은 '필로티(les pilotis), 옥상 테라스(le toit-terrasse), 자유로운 평면(le plan libre), 띠 창 (la fenêtre en bandeau), 자유로운 입면(la façade libre)'이다.

99 Juan Bassegoda Nonell, 앞의 책, p.521.

100 안토니 가우디, 이병기 옮김, 《가우디노트 1: 장식》, 아키트윈스, 2015, 43쪽.

101 그럼에도 불구하고 가우디가 시에 청구한 가로등 예산은 전혀 저렴하지 않았다. 그는 원가 절감을 통하여 돈을 아끼자는 것이 아니라 같은 돈으로 좀 더 완성도가 높은, 아름다운 제품을 만들 수 있다고 주장했다. Antoni Gaudí, 《Antoni Gaudí Escritos y documentos》, El acantilado, 2002, p.135.

102 시공자 주셉 바요에 따르면 '가우디는 밀라 주택 부지에 있던 기존 주택을 한 번에 부수지 않고 반을 남겨 현장사무실로 이용했다. 먼저 프로벤사 길 쪽을 허물고 땅을 파는 사이, 반파된 건물에서 수그라녜스와 카날레타는 도면을 그렸고, 주졸은 점토로 바트요 주택에 놓일 제단 촛대 모형을 만들었다. 프로벤사 길 쪽 구조물이 어느 정도 올라가자 가우디는 현장사무실을

반대편으로 옮기고 그제야 남겨둔 부분을 철거하게 했다.' 이는 가우디가 사업 관리자로서 앞으로 이루어질 시공 과정과 현장 전반을 운용할 만한 능력을 갖췄음을 보여준다.

가우디는 기존 주택을 철거하며 나온 벽돌을 재활용했는데 먼저 이 벽돌이 충분한 힘을 받을 수 있는지를 먼저 확인했다. 벽돌의 내력 성능을 시험하는 데에는 친구이자 의뢰인이었던 미라예스 작업실의 압축 기계를 사용했다. 원통형 기둥이 구조적으로 가장 적합하다는 사실 역시 당시 실험을 통해 도출된 결과였다. 다른 건축가들이 관습에 따라 기준에 못 미치는 두께의 벽체를 사용하면서 혹시 모를 불안에 구조체를 촘촘히 배치한 것과 달리, 가우디는 실험에서 얻은 정확한 정보를 바탕으로 강력한 구조체를 과감하게 한껏 띄어 사용했다.

밀라 부부가 거주했던 본층과 눈에 잘 보이는 파티오 기둥에는 몬주익 돌을 사용했지만 눈에 잘 보이지 않는 부분과 임대 주택에는 기존 건물을 허물면서 수거한 벽돌을 재활용했다. 기둥은 석고와 모르타르가 잘 붙을 수 있도록 기존 벽돌을 쪼개 거친 단면이 바깥쪽을 향하도록 쌓아 만들었다. 앞서 베예스구아르드, 구엘 공장단지, 구엘 공원 등에서도 그는 늘 주변에서 쉽게 구할 수 있는 작은 돌이나 버려진 건축 재료를 재활용하는 방법을 궁리했다.

그의 실험 정신을 보여주는 또 다른 일화가 있다. 하루는 주셉 바요가 무거운 물건을 들어올리기 위해 철제 기중기를 만들었는데 가우디는 그 자리에서 새 기중기가 휘어져 못쓰게 될 때까지 짐을 싣도록 했다. 그 덕에 바요는 기중기를 새로 만들어야 했지만 실험 결과에 만족한 가우디는 그를 크게 칭찬했다고 한다. 바요가 소개한 일화들은 가우디가 관습이나 경험에 의지하기 보다는 실험을 통해 상황을 확인하려는 과학적이고 합리적인 태도를 가진 건축가였다는 사실을 일깨워준다. Juan Bassegoda Nonell, 앞의 책, p.512.

103 Antoni Gaudí, 《Manuscritos, articulos, conversaciones y dibujos》, C.O.A.A.T, 2002, pp.92-93.

104 이는 가우디가 했던 "철재 교량은 역학적이지만 아름답지 않다. 건축은 예술이고, 역학은 뼈대다. 뼈대는 그것을 조화롭게 만드는 살, 즉 그것에 씌울 형태를 필요로 한다. 이 둘이 조화를 이룬다면 예술을 얻게 될 것이다."라는 말과 일맥상통한다. Isidre Puig i Boada, 《El temple de la sagrada familia》, Editorial Barcino, 1929.

105 스페인 건축가 라파엘 모네오는 가우디가 특별한 인물임에 분명하지만 그 역시 시대 맥락 속에서 이해해야 한다고 설명한다. 라파엘 모네오, 이병기 옮김, 《건축; 형태를 말하다》, 아키트윈스, 2014, 144쪽.

106 주셉 프란세스크 라폴스.프란세스크 폴게라, 이병기 옮김, 《가우디 1928》, 아키트윈스, 2015, 249쪽.

밀라 주택을 [그리다]

CASA MILÁ

세르다의 에이샴플라 계획안

[CASA MILÀ]

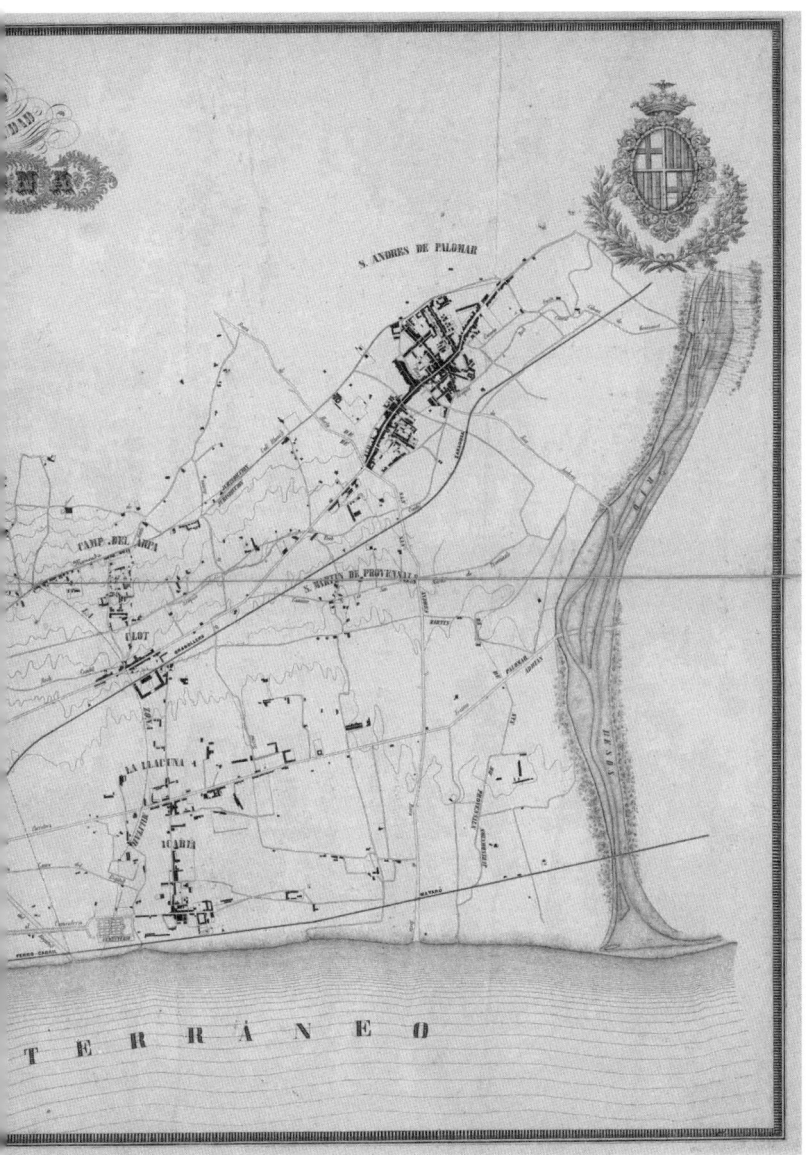

1855년 측량도

세르다의 에이샴플라 계획안

[CASA MILÀ]

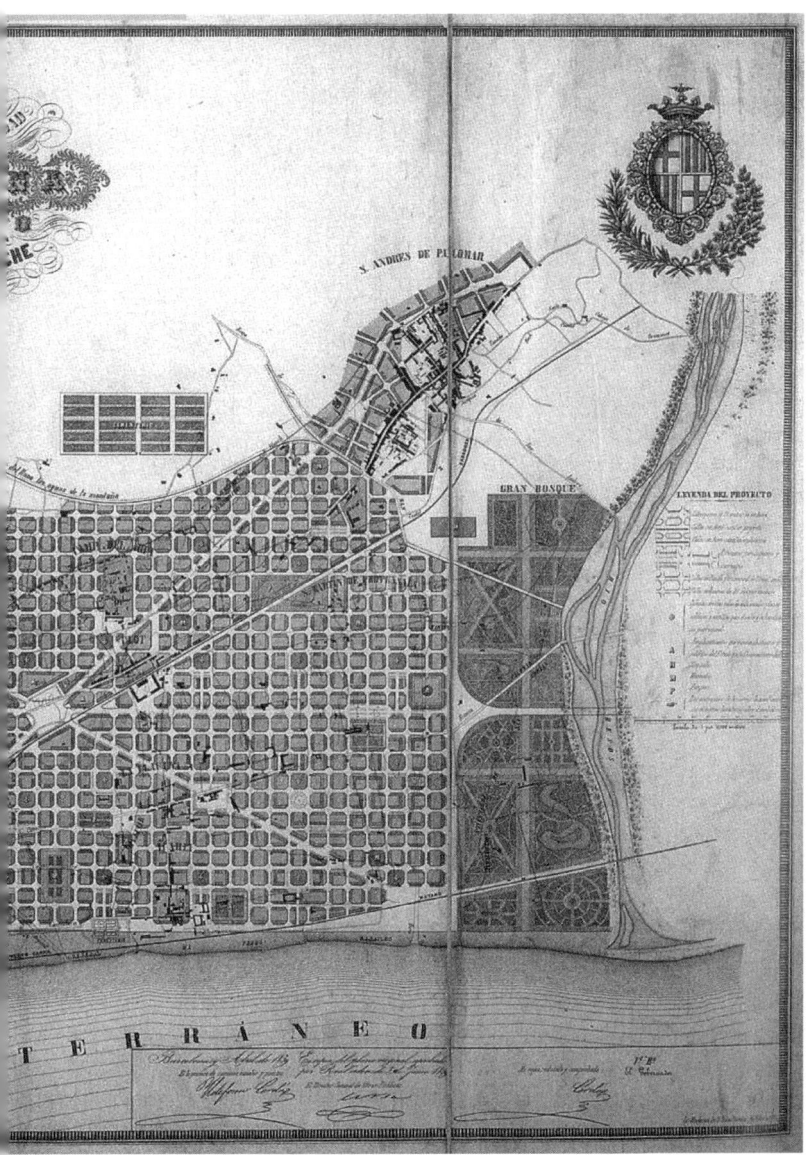

1859년 계획안

고딕 지구와 에이샴플라 지구

고딕 지구   에이샴플라 지구

같은 축척으로 그려진 두 곳의 도면은 도시 구조와
밀도 차이를 여실히 보여준다. 고딕 지구는
빈 땅을 찾아보기 어려운 반면 에이샴플라 지구는
사방으로 20m 도로, 블록 안으로 대략 60m 폭의
파티오가 존재한다.

[CASA MILÀ]

고딕 지구는 평균 도로 폭이 4m에 불과했다. 그와 달리 에이샴플라 지구는 일반 도로가 20m, 도시를 관통하는 주요 도로의 경우에는 50m 폭으로 지어졌다. 필지는 길쭉하게 분할되었고, 외기와 접할 수 없는 가운데 부분에는 최소한의 채광 환기를 위해 숨구멍을 뚫었다. 일반적으로 엘리베이터실과 계단실도 환기 통로로 이용된다.

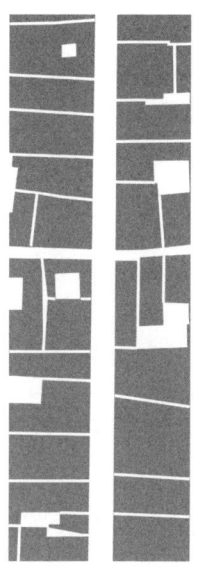

고딕 지구

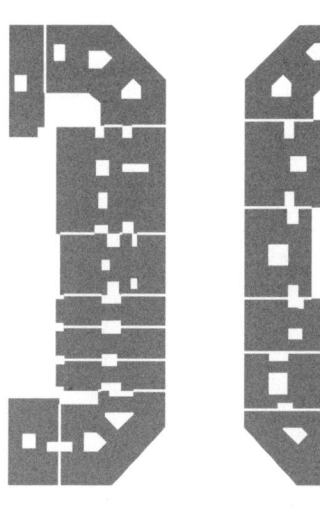

에이샴플라 지구

단면도에 45도 각도의 햇빛을 그려보면 고딕 지구는 제일 위층에만 직사광선이 닿는 반면, 에이샴플라 지구는 모든 주택에 도달한다. 햇빛이 닿기 힘든 지상층의 경우 원칙적으로 주택 허가가 나지 않으며 상점 내지 창고로 이용된다.

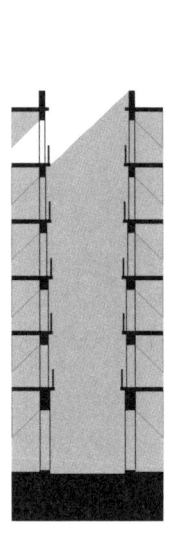
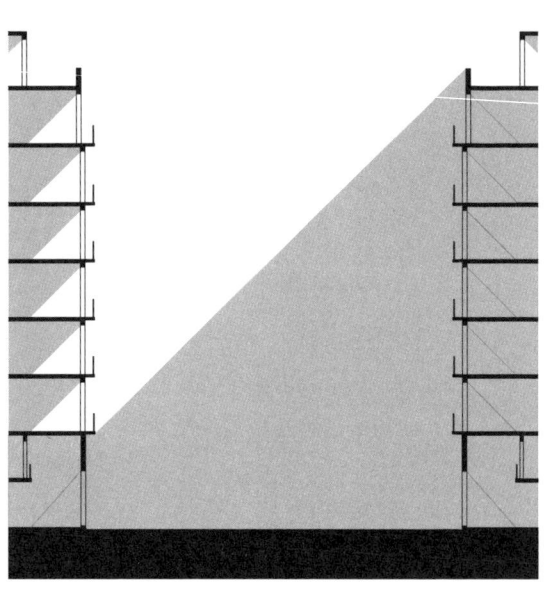

고딕 지구　　　　　에이샴플라 지구

[CASA MILÀ]

에이샴플라 블록의 변형

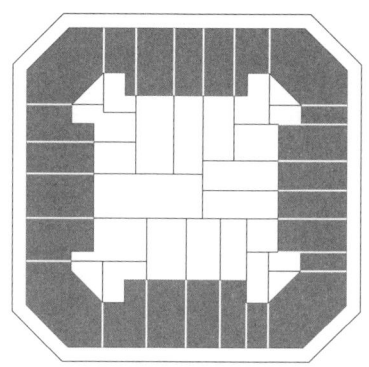

세르다가 제안한
닫힌 블록의 해법

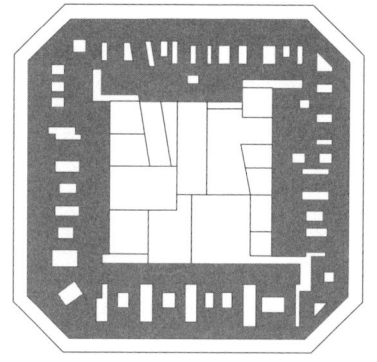

실제 지어진
에이샴플라 블록

에이샴플라 블록은 합벽 주택 즉, 앞뒤로
열린 집으로 구성된다. 도시 구조적인 문제는
이 체계가 유지될 수 없는 샴프라에서 발생했다.
처음부터 이를 예상한 세르다는 가능한
'열린 블록'을 지향했고, '닫힌 블록'의 경우
모퉁이 뒤편을 비워 근대적인 삶이 요구하는
최소한의 주거환경을 만족시키려했다.
하지만 위 도판에서 보듯이 모퉁이 뒤편이
점유되면서 샴프라 주택의 주거환경은 급격히
떨어지곤 했다.

밀라 주택의 도시적 상황

밀라 주택이 마주한 그라시아 대로는 물리적인 규모를 넘어서는 역사적인 의미를 담고 있다. 실제로 이 길을 따라 내려가면 카탈루냐 광장, 포르타 델 앙헬(중세 성벽의 북문), 바르셀로나 대성당, 포르타 델 프라에토리아(4세기 지어진 로마성벽의 북문)를 지나, 고대 로마도시를 관통하는 주 도로인 데쿠마누스(Decumanus maximus)와 바로 연결되며, 주교관저, 카탈루냐 의회당, 바르셀로나 시청을 마주하게 된다. 그라시아 대로는 로마시대부터 현대에 이르기까지 이르는 바르셀로나 역사를 관통하는 축의 연장인 셈이다.

밀라 주택은 이처럼 중요한 길에 위치하고 있지만, 다른 한편으론 고급스런 주택이 들어서기 어려운 샴프라, 그중에서도 가장 더운 남서쪽 모퉁이에 자리잡고 있다.

[CASA MILÀ]

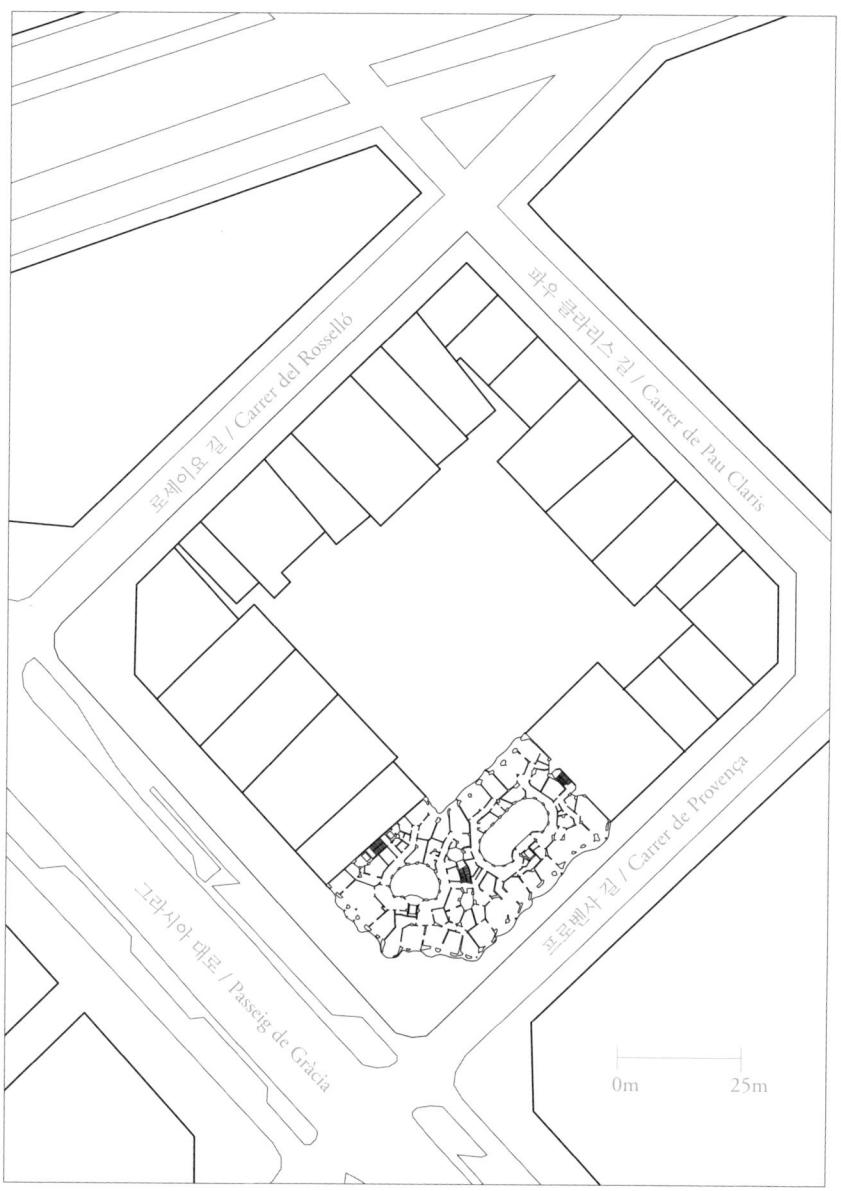

일반 주택과
밀라 주택

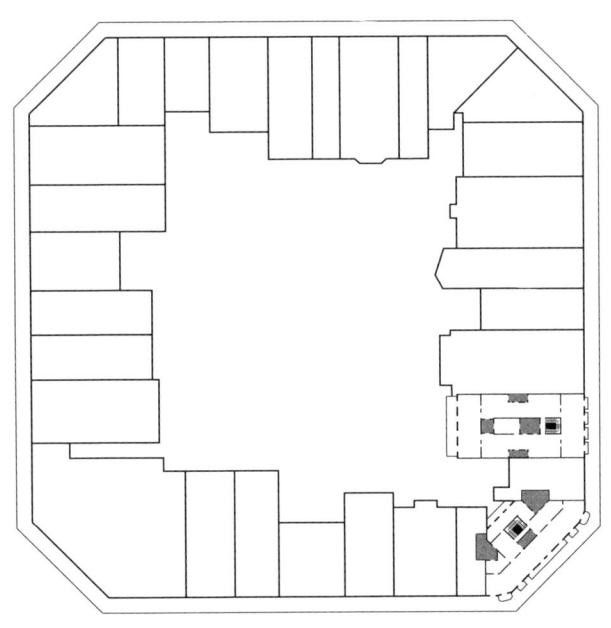

일반적인
샴프라 주택

[CASA MILÀ]

샴프라 문제에 대한 가장 일반적인 해법은
땅을 다 채우지 않는 것이다. 가우디는 비워놓던
뒤쪽 땅을 들여와 내부에 거대한 원형 파티오를
만드는 새로운 해법을 제안했다. 하지만 이는
경직된 내력벽 구조체계로 만들 수 없는
평면이었다. 그는 돌기둥에 철골보를 올린
유연한 구조체계를 통하여 이 주택을 완성한다.

샴프라를
대각선으로 가로지른
밀라 주택

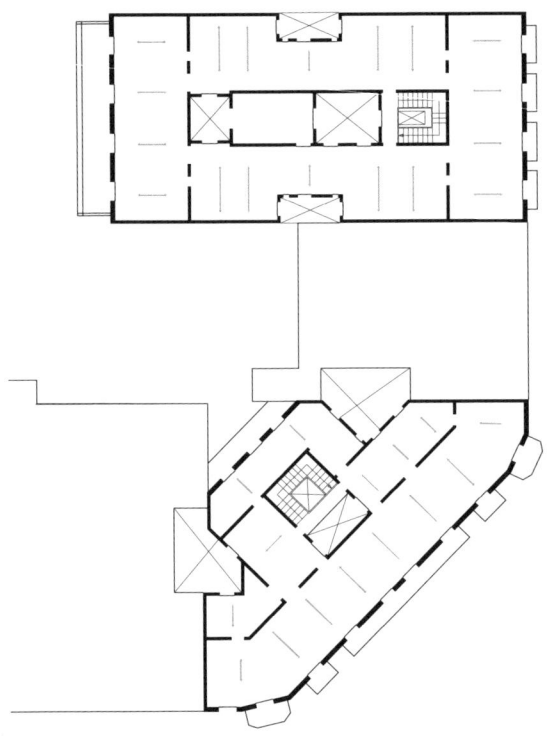

내력벽을 이용한
일반 주택의 구조체계

[CASA MILÀ]

도면에 표시된 화살표는 보가 걸린 방향이다.
샴프라 주택과 밀라 주택의 구조체계에 관해서는
'José Luis González Moreno-Navarro, Albert
Casals Balagué, 《Gaudí y la razón constructiva》,
ediciones akal, 2002, pp. 38-45'의 내용을
참고했다.

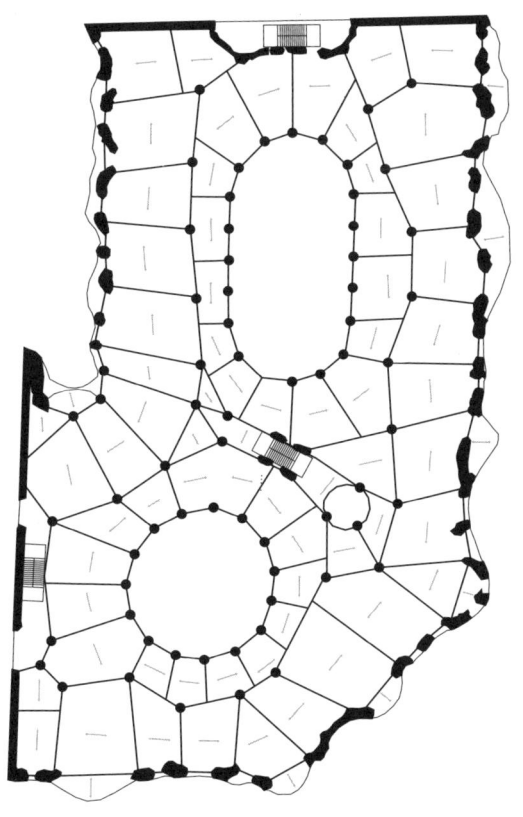

돌 기둥에 철골보를 올린
밀라 주택의 구조체계

밀라 주택 3층, 네 가구의 배치

가우디는 원형 파티오 주변으로 복도를
배치했다. 그는 파티오를 쾌적한 상태로
유지하기 위해 습기와 냄새를 유발하는 부엌,
화장실 같은 서비스 시설을 뒤편으로 물려
전용 환기 통로를 두었고, 쓰레기나 오물을
처리하기 위한 부 출입구도 따로 만들었다.

[CASA MILÀ]

■ 복도
■ 서비스 시설
■ 채광환기
E 엘리베이터
1 2 3 4 주 출입구
①②③④ 부 출입구

밀라 주택 입면도

[CASA MILÀ]

43.50m

프로벤사 길

밀라주택 단면도

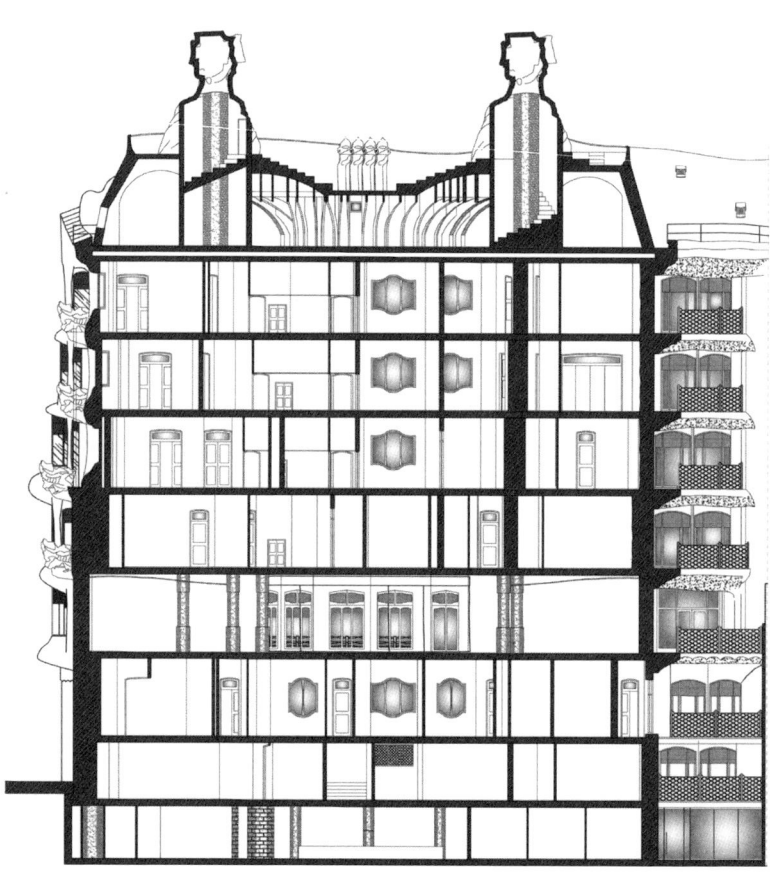

[CASA MILÀ]

+25.64m 다락
+21.69m 4층
+17.75m 3층
+13.83m 2층
+9.88m 1층
+5.66m 본층
+1.44m 사이층
-1.71m 지상층
-4.69m 지하층

밀라주택 지하층

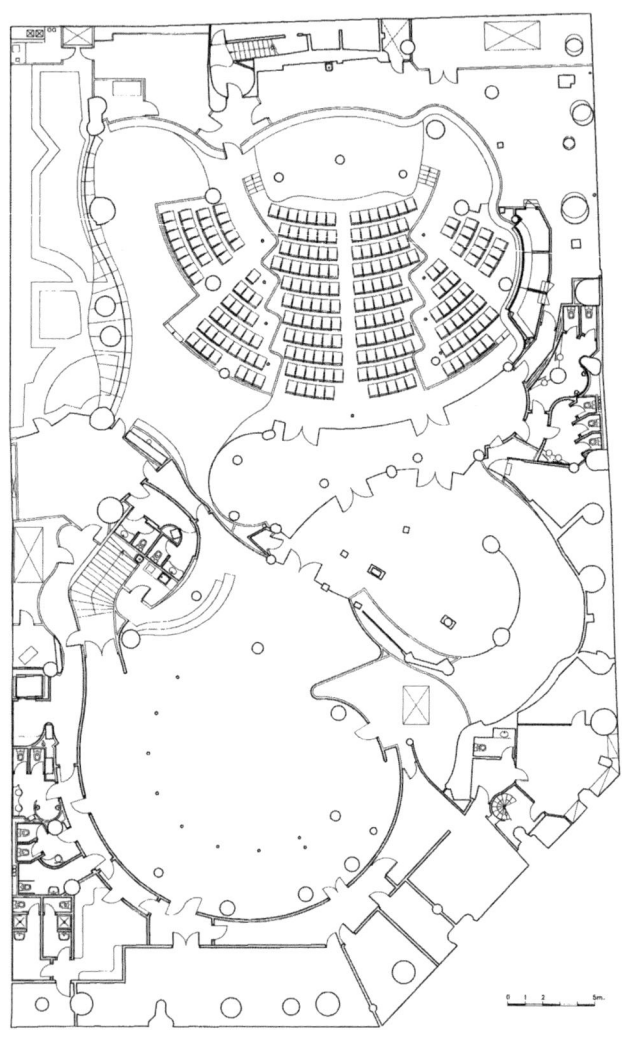

[CASA MILÀ]

밀라주택 지상층

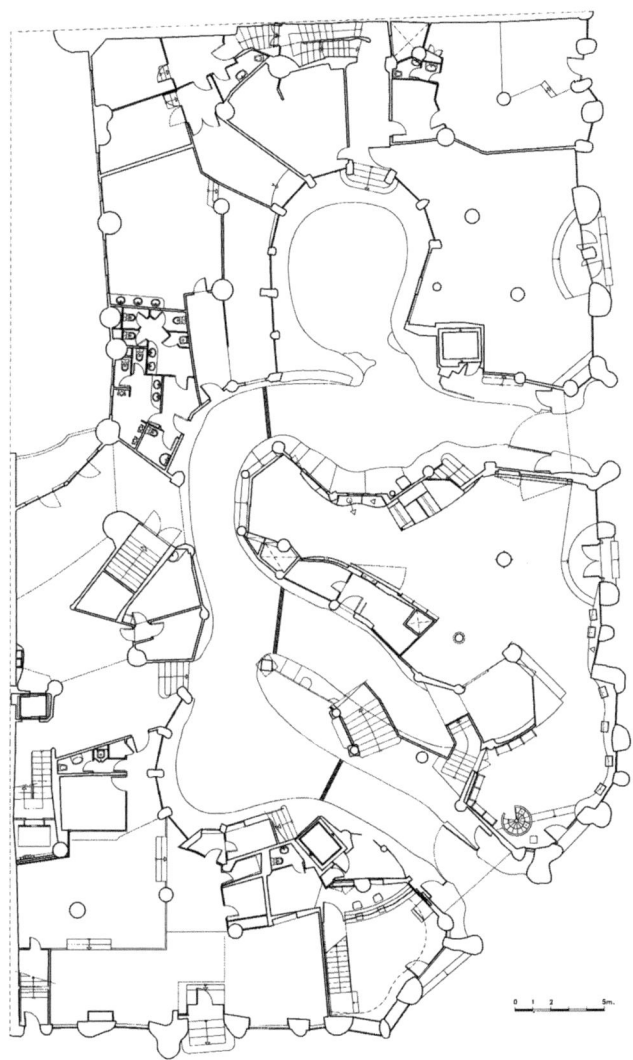

밀라주택 사이층

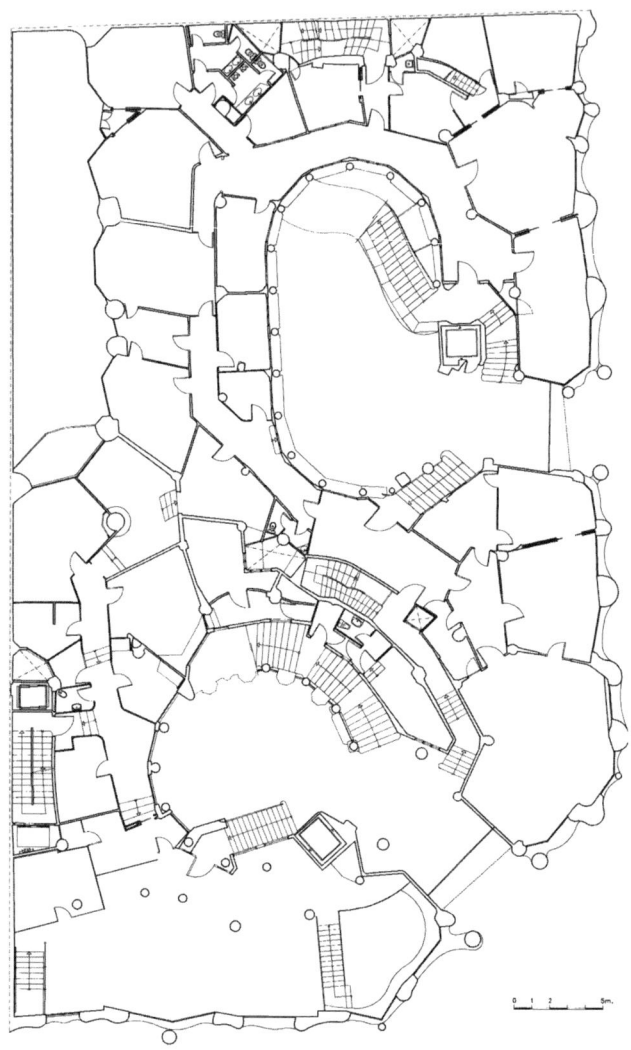

[CASA MILÀ]

밀라주택 본층

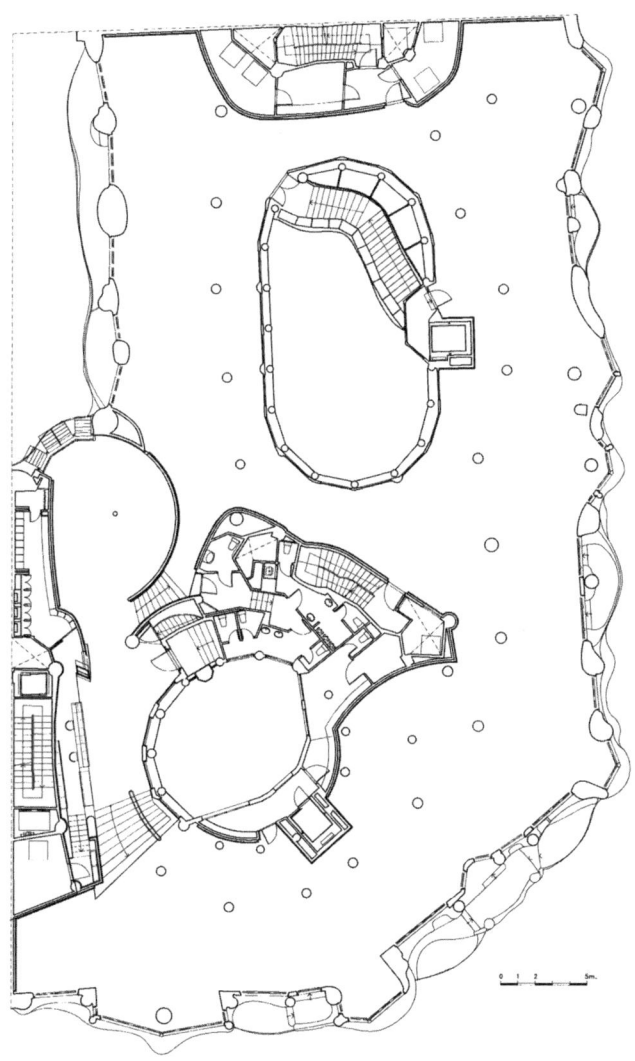

밀라주택 1층

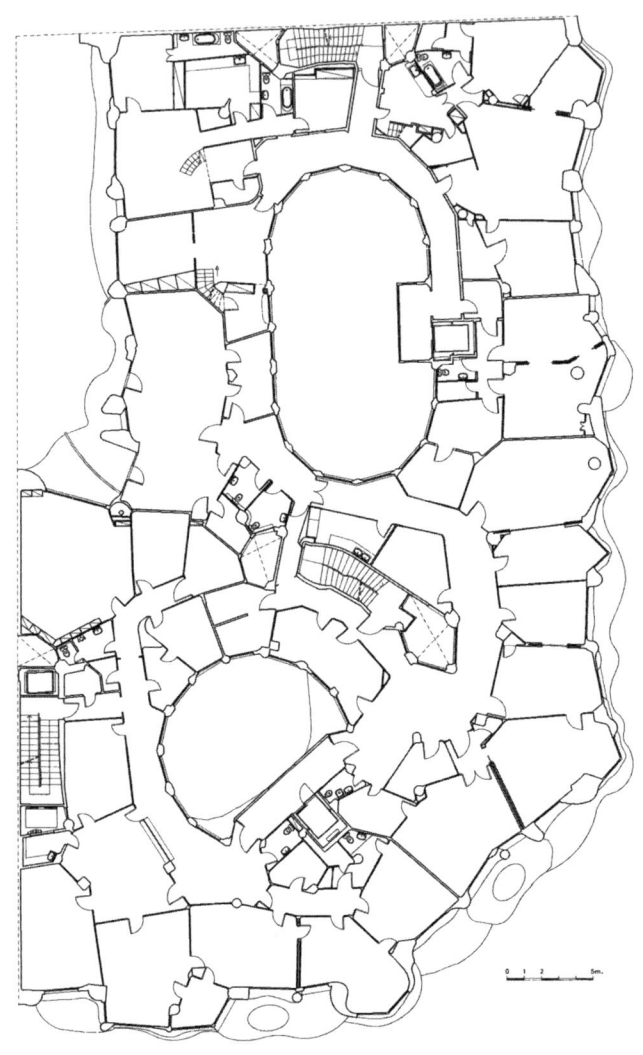

[CASA MILÀ]

밀라주택 2층

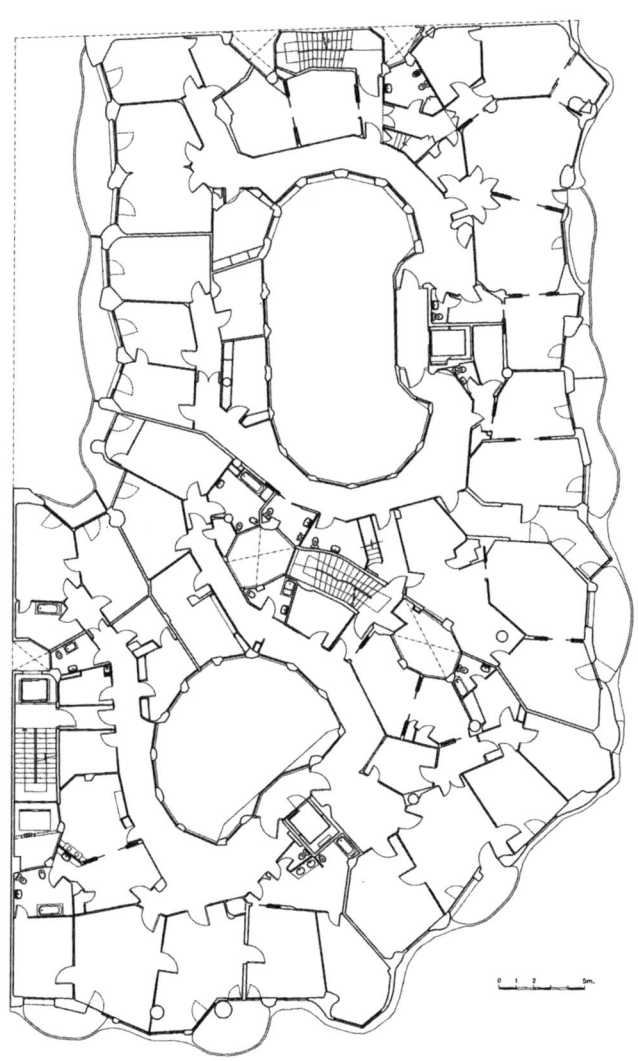

밀라주택 3층

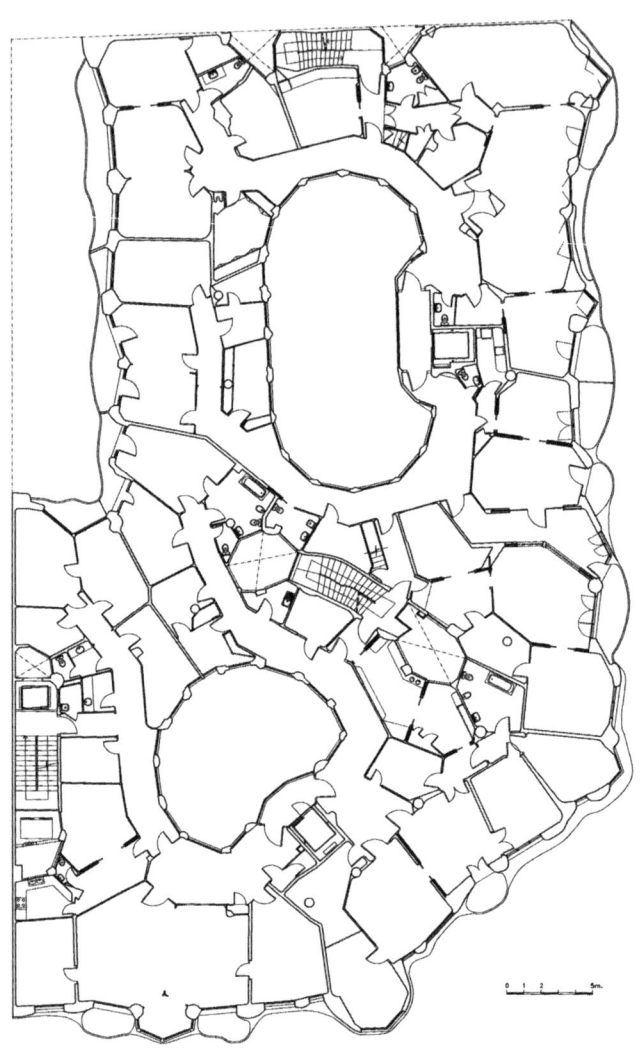

[CASA MILÀ]

밀라주택 4층

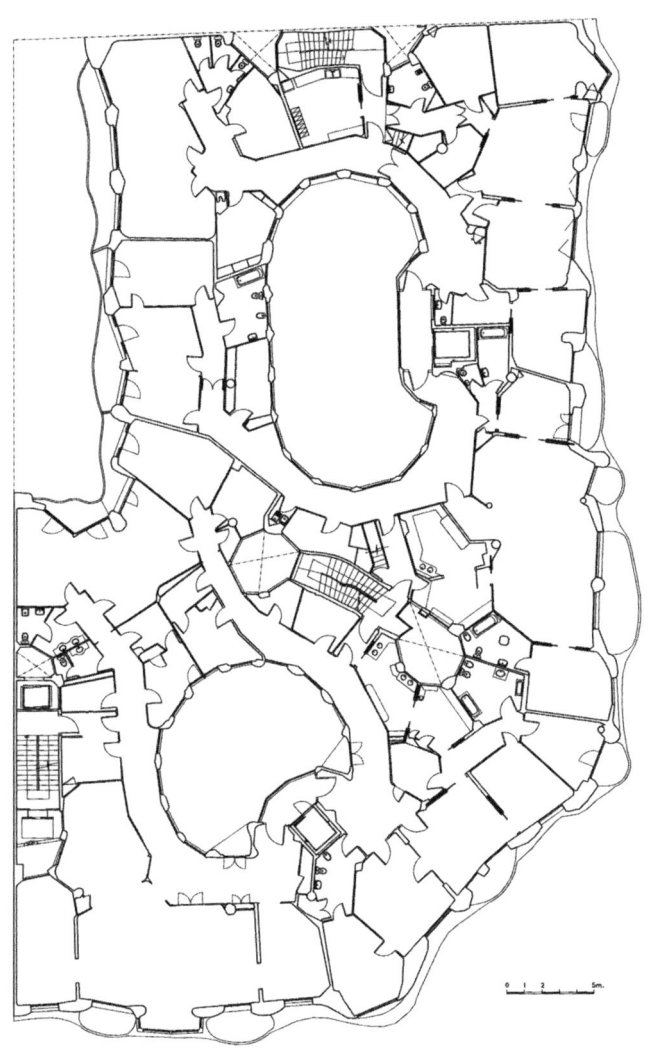

밀라주택 다락

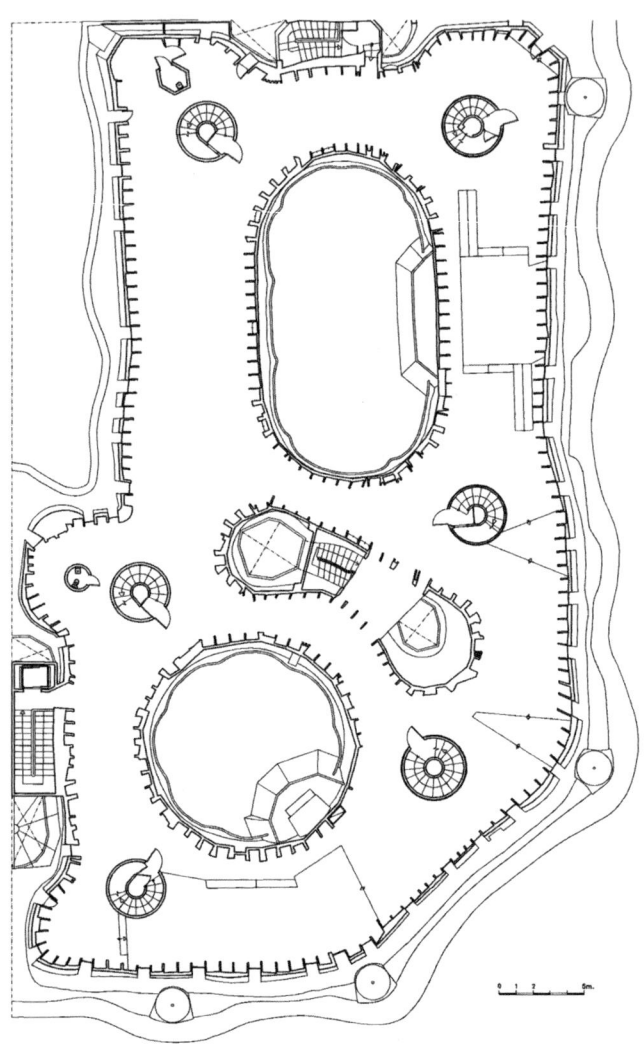

[CASA MILÀ]

밀라주택 옥상

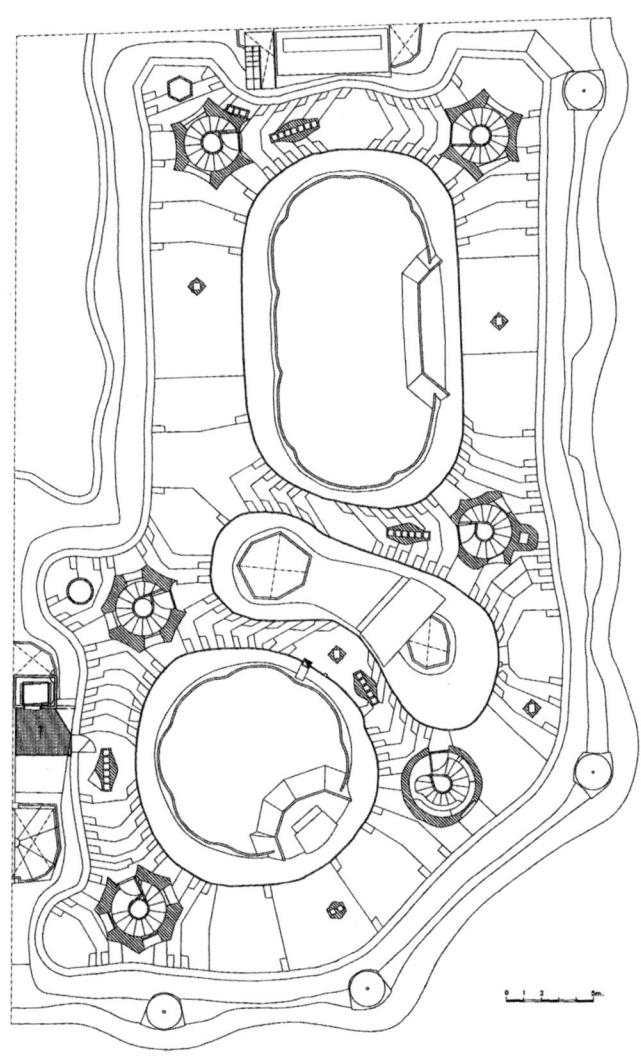

3장에 실린 모든 도면은
카탈루냐-라페드레라 재단으로부터
제공 받았습니다.

© Fundació Catalunya-La Pedrera

책을 펴내며

밀라 주택은 《장식》으로 시작된 아키트윈스의 가우디 노트 시리즈 두 번째 책이자, 지난 2017년 건축사진작가 황효철과 가우디 연구자 이병기가 동행한 건축여행의 결과물이다. 두 사람은 여행을 떠나기 전 여러 차례 논의하면서, 동일한 대상을 바라보는 두 작가의 독립적인 작업을 평행한 구성으로 보여주기로 했다. 가우디의 건축과 바르셀로나의 관계를 면밀하게 추적한 두 사람의 시선이 오롯이 담긴 이 책은 가우디에 대한 고정관념을 뒤집는 새로운 시도라 할 수 있다.

황효철의 사진은 친절하지 않다. 이 책에 싣기 위해 그가 고른 사진 중 흔히 볼 수 있는 전경 사진은 단 한 장뿐이다. 대신 그는 건축을 이루는 각 요소와 그것들의 구성을 통하여 건축사진작가로서의 남다른 시각을 드러낸다. 그가 자유롭게 선정하여 실린 모든 사진은 자신이 경험한 밀라 주택의 실체를 재구성한다.

이병기의 글은 '왜 지금 가우디인가?'라는 질문에 답한다. 가우디 건축이 여전히 유효하다는 믿음 아래, 가우디의 건물 가운데서도 가장 자유로운 이 건물을 근대의 합리적 시선으로 바라본다. 특히 건축적 행위의 결과물인 건물 자체를 종합적으로 묘사하기 보다는 건축을 가능케 한 여러 토대와 과정을 추적하여 창작의 과정을 총체적으로 되짚는다.

마지막으로 2015년 예술의 전당 가우디 전시를 인연으로 밀라 주택 촬영에 협조해준 카탈루냐-라 페드레라 재단 Fundacio Catalunya-La Pedrera과 실비아 비라로야 Silvia Vilarroya Oliver 연구원, 카탈루냐어 독음에 도움을 준 반안나 양, 집필 시작부터 끝까지 함께 글을 읽고 도움을 준 탐구스투디오 김지혜 대표에게 따뜻한 감사의 마음을 전한다.

2018년 6월 28일
이병기

− CASA MILÀ −

CASAMILLÁ

가우디의 마지막 주택
밀라 주택

1쇄 발행	2018년 7월 24일

지은이	황효철, 이병기
펴낸이	이병기

기획	김지혜(탐구스투디오)
편집	방유경
디자인	김의래, 김동환
	www.studiomim.com
인쇄	삼조인쇄

펴낸곳	아키트윈스
출판등록	2013년 1월 1일
등록번호	제 2013-16호
주소	서울특별시 광진구 긴고랑로30길 34
	(우) 04923
전화	070-8238-0946
팩스	02-6499-1869
이메일	architwins@outlook.com
홈페이지	http://gaudinote.com/

ISBN	978-89-98573-07-2
부가기호	04610
세트 도서	ISBN: 978-89-98573-02-7(세트)
세트 부가기호	04610

값 25,000원

잘못된 책은 바꿔드립니다.

ARCHITWINS